森林凋落物土壤生态功能

——以橡胶林为例

薛欣欣　魏云霞　著

中国农业出版社

北　京

图书在版编目（CIP）数据

森林凋落物土壤生态功能：以橡胶林为例 / 薛欣欣，魏云霞著. —北京：中国农业出版社，2023.5
ISBN 978-7-109-30657-8

Ⅰ.①森… Ⅱ.①薛… ②魏… Ⅲ.①森林土—土壤生态学 Ⅳ.①S714.31

中国国家版本馆 CIP 数据核字（2023）第 073675 号

中国农业出版社出版

地址：北京市朝阳区麦子店街 18 号楼
邮编：100125
责任编辑：司雪飞　文字编辑：徐志平
版式设计：王　晨　责任校对：吴丽婷
印刷：北京中兴印刷有限公司
版次：2023 年 5 月第 1 版
印次：2023 年 5 月北京第 1 次印刷
发行：新华书店北京发行所
开本：700mm×1000mm　1/16
印张：11.75
字数：180 千字
定价：58.00 元

前　言

　　森林凋落物是指在森林生态系统中，由植物地上组分产生并归还到林地土壤表面，作为分解者的物质和能量来源，借以维持生态系统功能的所有有机物质的总称。凋落物作为养分的基本载体，在养分循环过程中起到连接植物与土壤的"纽带"作用。另外凋落物作为土壤生物的栖息地及其食物的主要来源，为土壤动物和土壤微生物提供能量和物质。凋落物碳作为土壤呼吸所利用碳源的主要来源，影响着大气 CO_2 浓度和与此相关的气候变化。新鲜凋落物的输入还可能产生激发效应，导致土壤有机质的分解，进而引起土壤碳库短期或长期的变化。再者，受全球环境变化的影响，凋落物的生物量、分解速率以及相关的生态功能都会发生改变。因此，全面深入研究森林凋落物的生态功能，对了解凋落物在生物地球化学循环中的作用具有深远意义。

　　本专著共包括 6 章，囊括了森林凋落物研究的主要内容。首先，从对森林凋落物的概念、生态学含义以及森林凋落物研究内容和方法出发，介绍了森林凋落物研究的两大主要内容，即凋落物的生物量（第二章）和凋落物的分解（第三章）研究，其中，主要阐述了森林凋落物的生物量组成、时空变化、影响因素，以及凋落物分解的研究方法、分解速率、分解过程以及影响因素，还包含了著者对海南橡胶林凋落物的一部分研究结果。其次，介绍了凋落物与土壤肥力（第四章）、凋落物的水土保持功能（第五章）等方面的研究进展，并结合著者对海南橡胶林的研究结果，系统分析了凋落物的自肥作用和水土保持功能。最后，结合目前国内外学者关注的 DIRT 研究（第六章），即凋落物添加和去除实验（detritus input and removal treatments），综述了目前 DIRT 实验的研究进展及研究方向。

本专著中相关研究得到了海南省自然科学基金项目（320QN377、322MS148）、中央级公益性科研院所基本科研业务费专项（1630022022002）、国家天然橡胶产业技术体系（CARS－33－ZP－2）等项目的资助，在此深表感谢！

在撰写本专著过程中，国内外不断涌现出新的研究成果和相关文献报道，著者尽力将主要的、最新的研究结果纳入其中。由于著者的学识和水平有限，加之目前研究方法和研究手段的不断改进和提升，如有不妥之处，希望广大同行、专家、读者指正。

薛欣欣　魏云霞

2023 年 5 月

目　　录

第一章 绪 论

森林是全人类的重要资源，它以物质或非物质、直接或间接的效用，维系着人类的生存与繁衍，支撑着人类经济与社会的发展。森林还是陆地生态系统的主体，强化森林的经营和管理，对于维持全球环境、保育相关的多种资源，以及保障经济与社会的可持续发展，都具有至关重要的作用（侯元兆等，1995）。我国森林资源丰富，地理分布不均匀，主要集中在东部和西南部丘陵山区，在中国西北的高山也有小面积森林分布。我国森林植被可划分为八种森林生态系统类型，即寒温带森林生态系统、温带森林生态系统、暖温带森林生态系统、亚热带森林生态系统、热带森林生态系统、温带草原森林生态系统、温带荒漠森林生态系统和青藏高原森林生态系统。

凋落物作为森林生态系统的重要组分，在某种程度上反映了森林生态系统的初级生产力。凋落物分解是陆地生态系统内部物质循环和能量流动的关键环节，在维持生态系统结构和功能中占据着重要地位。在森林生态系统中，植物凋落物分解是养分循环的关键环节，凋落物分解释放的养分是土壤养分的主要来源，提供了森林植被生长所需的一半以上的养分。因此，深入开展森林凋落物分解及其土壤生态功能研究有利于为森林生态系统的可持续发展提供科学依据。

橡胶林作为我国热带地区最为重要的人工林生态系统之一，其在促进区域经济发展、提高农民收入等方面发挥着重要作用。橡胶林作为热带雨林中的上层乔木，是一个比较典型的热带雨林树种，具有热带雨林的一部分属性。本章通过大量查阅国内外森林凋落物研究的相关报道，从森林凋落物的概念及特性、凋落物分解的研究方法、凋落物分解过程及其影响因子、森林凋落物生态水文功能，以及橡胶人工林生态系统凋落物研究意义等方面进行了概述，旨在为我国人工林生态系统，尤其是热带地区橡胶人工林生态系统凋落物的综合利用提供理论和实践借鉴。

第一节　森林凋落物概念和生态学含义

一、森林凋落物概念

森林凋落物（litter）又称枯落物或有机碎屑，是指在森林生态系统中，由地上植物组分产生并归还到地表，作为分解者的物质和能量来源，借以维持生态系统功能的所有有机质的总称（王凤友，1989）。广义上，森林凋落物包括林内乔木和灌木的枯枝、落叶、落皮、繁殖器官，野生动物残骸及代谢产物，林下枯死的草本植物及枯死植物的树根。按照以上所述凋落物的概念，在天然老林人为干扰较少的森林生态系统中，枯立木、倒木，以及人为干扰较多的森林生态系统中的伐桩等均应属于森林凋落物的范畴，这些有机物通过腐烂分解，将有机物质和养分元素释放出来，进入生态系统物质循环中去，并发挥不可低估的作用（Harmon et al.，1986）。然而，广大学者通常认为，森林凋落物概念的内涵应有一个明确界定，林波等（2004）认为，森林生态系统中直径大于 2.5cm 的落枝、枯立木、倒木统称为粗死木质残体（coarse woody debris，简称 CWD），而将直径小于 2.5cm 的落枝、落叶、落皮、繁殖器官，动物残骸及代谢产物，林下枯死的草本及枯死树根归为森林凋落物。刘强等（2010）曾在《植物凋落物生态学》一书中提出，凋落物是指植被生态系统中生产者——植物的部分器官、组织因死亡而凋落并归还到土壤中，作为分解者及某些消费者的物质和能量来源的有机物质的总称，包括落枝、落叶、落皮、凋落物的繁殖器官以及枯死的根等。但林下枯草和枯根由于研究困难而常被忽略（廖军等，2000），尽管如此，地下部分由于在生态系统中具有特殊性，近年来逐渐得到学者们的重视，根凋落物的研究也会在不久的将来得到详尽研究。

二、森林凋落物研究意义

森林凋落物作为森林生态系统物质循环和能量循环中的重要结构和功能单元，是"植物—凋落物—土壤"系统中的重要纽带，具有不可替代的生态功能，对森林资源的保护和永续利用具有重要作用。据报道，全球陆地生态系统中，90%以上的地上部净生产量通过凋落物的方式返回地表（Loranger et al.，2002），是碳和其他营养元素从植物转移到土壤的主要途径，在维持生态系统养分循环平衡、保持土壤肥力等方面起到重要作用。据统计，就全球不同气候区而言，森林年凋落物量变化为$1.6 \times 10^3 \sim 9.2 \times 10^3 \, \mathrm{kg/hm^2}$，枯叶年凋落量变化为$1.4 \times 10^3 \sim 5.8 \times 10^3 \, \mathrm{kg/hm^2}$，其他组分（包括枝、皮、繁殖器官、叶鞘、动物残骸等）年凋落量变化为$0.6 \times 10^3 \sim 3.8 \times 10^3 \, \mathrm{kg/hm^2}$。森林凋落物还为地表分解者提供良好的栖息地和能量物质等基础，在维持森林生态系统功能、森林资源保护与利用、水土保持和涵养水源等方面具有重要作用。凋落物的矿化分解是维持生态系统养分循环的关键过程，也是陆地生态系统碳向大气释放的主要动力。因此，森林凋落物的研究长期以来备受林学、生态学、微生物学、生物地球化学、植物营养学、森林土壤学以及森林经营等领域工作者的重视。

三、森林凋落物研究历程

早在1876年，德国学者Ebermayer在其经典著作《森林凋落物产量及其化学组成》中便对森林凋落物在养分循环中的重要性进行了详细阐述，其对凋落物化学性质和养分的研究是关于森林凋落物最早的研究，并引起了众多学者的重视和大量研究，之后拉开了科学界对森林凋落物研究的篇章；国内外学者先后针对凋落物量、动态、化学组成、分解速率等多方面展开了探索研究。

20世纪30年代前后，落叶分解的探讨就已经深入到机理研究，而不限于失重率的简单测定，当时Melin（1930）提出采用C/N比法来分析凋落叶的分解特征，该方法后来成为研究凋落物分解的经典指标。

20 世纪 40 年代，Gustafson（1943）发现针叶分解过程中形成的酸性物质抑制了细菌活性，而阔叶凋落物含有的大量钙离子能够起到中和作用，从而提高混合凋落物的分解速率。另外，高钙含量落叶还能吸引更多的土壤动物，从而加快其分解。

20 世纪 50 年代末，Bocock 等（1957）提出了用分解袋法研究凋落物分解，该方法也成了分解实验中最经典、应用最广泛的方法。

20 世纪 60 年代前后，凋落物分解机理在深度和广度上有了很大的发展，Olson（1963）首次提出了指数腐解方程描述落叶的分解，后来被广泛应用，同时有大量学者强调和论证了氮含量及 C/N 比对落叶分解的重要意义。

20 世纪 70 年代，Fogel 等（1977）提出氮和木质素是影响凋落物分解速率和模式的重要因素，至今二者在凋落物分解中的调控作用仍然是研究的重点。

20 世纪 80 年代，Taylor 等（1989）提出凋落物分解前期主要受氮含量限制，后期主要受木质素浓度或木质素/氮比限制。

20 世纪 90 年代，Vitousek 等（1994）基于 CENTURY 模型构建了凋落物分解模型，把植物残体分为代谢物质和结构物质，代谢物质易于快速分解，而结构物质的分解速率可表达为木质素/纤维素的函数，木质素/纤维素比值越高，分解越慢。

20 世纪 90 年代以后，凋落物分解更多地被置于营养循环的大背景下展开研究，主要向全球气候变化与凋落物关系的研究方向转变。

我国开展凋落物的研究相对国外较晚，国内研究总体较国外滞后 10 年左右，但据统计，中国的研究报道数量和增长速度要明显高于国际。我国学者关于凋落物的研究始于 20 世纪 60 年代，80 年代取得较大的进展，2000 年以后的研究量增长加快。其中，研究森林生态系统凋落物的报道占 65%，分别就四川西部亚高山冷杉林、北京西山油松、广东鼎湖山南亚热带林、海南岛热带雨林、西双版纳雨林等森林生态系统开展了大量研究（蒋有绪，1981；梁佳宁等，2020；莫江明等，2004a，2004b；燕东等，2011；郑征等，2005；张瑞清等，2006），先后从凋落物的化学成分、分解速率、生态功能等方面展开系统研究，以探索森林生态系统的物质循环规律、森林与土壤的关系、森林的自肥作用等。

总之，研究森林凋落物的生态功能对于了解森林生态系统的功能与动态、全球环境变化对生态系统的影响以及与之相应的生态系统反馈等都是十分有必要的。本书主要归纳整理了近些年国内外凋落物的有关研究报道，并结合著者近年来在橡胶人工林生态系统凋落物方面的相关研究工作，以部分研究结果为实例撰写而成，希望能为森林凋落物生态学方面的发展起到一定的推动作用，并为相关领域的研究者们提供一些有价值的参考和借鉴。

第二节 森林凋落物研究内容和方法

在生态学中，凋落物作为过渡层的研究价值日趋重要。张俊等（2020）基于文献计量学的相关分析方法，分析了国内外关于凋落物的主要研究内容及其未来的研究方向，并指出，国内研究主要集中在凋落物生物量、凋落物分解、土壤呼吸、碳储量等方面，且国内研究更加倾向于凋落物与乔冠层之间的联系以及土壤通气能力的研究，主要涉及森林生态系统的平衡发展，而国际上关于凋落物的研究主要集中在凋落物分解、动物、土壤碳氮、气候变化以及环境方面，国际上研究更加倾向于凋落物分解与元素含量之间的关系、动物及微生物对凋落物分解的影响，以及凋落物对气候的影响和响应，并且更加关注生态环境对人类生存环境的影响。

一、森林凋落物生物量研究

凋落物生物量是森林生态系统生物量的重要组成部分，同时，也反映了森林生态系统的初级生产力（第一生产力）水平，是森林生态系统功能的重要体现。凋落物生物量的研究包含两个方面：一方面，是凋落物产量的研究；另一方面，是凋落物现存量（或称凋落物积累量）的研究。

（一）森林凋落物生物量定义

森林凋落物产量定义为单位面积地面上，单位时间内植物产生的凋落物质量，其反映植物凋落物的生产力水平，包括年凋落物量、季节凋落物量和月凋落物量等标准，一般以年为单位时间，以公顷为单位面积。根据以往的研究可以得到，凋落物产量的研究主要集中在年际动态变化的研究，也有一些有关凋落物季节动态变化的研究，反映了凋落物产量在时间尺度上的波动以及受季节因素的影响。凋落物现存量常指7—8月在特定生态系统地表保存的凋落物数量，是在一定面积的地面上积累的凋落物质量，由凋落物产量与凋落物分解量的动态关系决定，是凋落物产量与分解量的净累积量。假定在年凋落物产量相对稳定的前提下，凋落物现存量反映的是凋落物分解的速率，则可以用凋落物产量与现存量的比值来表示周转系数。

（二）森林凋落物生物量测定

1. 森林凋落物产量测定

（1）收集器面积确定。评价森林生态系统凋落物的动态变化是衡量森林生产能力的重要途径。评估森林凋落物产量通常采用直接收集法，即一般采用凋落物收集器（litter trap）来估测凋落物产量。如果想要获得更精准的数据，收集器面积须足够大，根据研究对象和研究目的的不同，收集器面积可在 $0.2 \sim 100m^2$ 的范围内适当调整（Julien et al.，2018）。考虑到落叶收集在野外开展，操作起来难度较大，工作量繁重，因此，在日常的实际工作中，多采用面积为 $1m^2$ 的收集器。

凋落物产量调查过程中，一个样地要求至少设置 10 个收集器，以往研究工作中一般设置 $5 \sim 20$ 个收集器（Silver et al.，2014），定期收集凋落物，并将凋落物分为叶、枝、花果、杂物等（也可根据研究目的进行分类），将其烘干、称重。

（2）收集器设计。一般情况下，为了方便操作，常用纤细的聚氯乙烯管以及尼龙网袋构成收集器来收集凋落物。这种简易的收集器收集到的落叶容易遭到大风影响而从收集器中被刮出，造成试验结果与实际偏差较大。基于此，著者设计了一种森林凋落物落叶定点收集装置（图1-1），该装置包括框架、网袋、绳索和至少三个支脚，其中，框架套设于网袋

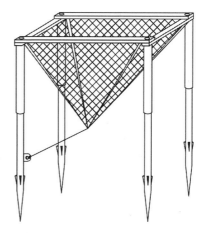

图1-1　落叶定点收集装置

的外侧且与网袋连接，支脚绕框架中部间隔设置于框架，绳索具有相对设置的第一端和第二端，绳索的第一端与网袋的底部连接，绳索的第二端用于与网袋以外的位置连接。将落叶定点收集装置移动至需要收集凋落物的林地中，支脚插在土壤中以使框架和网袋固定于地面以上，拉伸绳索的第二端将其固定到支脚、地面或石块等固定的物体上，即可保持网袋的底部不会被大风掀起，从而避免网袋中的凋落物飞出，保证了凋落物统计的准确性，使得实验结果更加准确（薛欣欣等，2022a）。

2. 森林凋落物现存量测定　一般而言，大型凋落物（枯枝或粗死木质残体）的研究采用回收样地的方法，面积大小应占样地面积的10%，理想的收集器总接收面积应达到调查面积的1%，而小型凋落物（落叶、落花、落果等）的收集器面积一般为 0.25～1.0m²（王凤友，1989）。凋落物现存量的取样方法多以样地或样线法进行，取样面积一般为 0.05～1m²，其中以 0.1m²（0.40m×0.25m）和 0.25m²（0.5m×0.5m）采用较多。取样 5～15 个不等的重复，以设 10 个小样方居多。温丁等（2016）收集了 2000—2014 年公开发表文献中的森林凋落物现存量数据，结果发现，森林凋落物现存量表现为随经度和纬度的增加而逐渐增加，主要控制因素为温度。

以往有学者提出，由于森林生态系统异质性现象的广泛存在，导致目前凋落物现存量的采样方法所获得的凋落物数据可能存在空间自相关，即出现样本不独立的现象。孙志虎等（2007）采用地统计学的变异函数分析方法定量研究了 15 年生落叶松（*Larix olgensis*）人工纯林凋落物层质量的空间异质性特征，利用地统计学的克里格内插法结合定积分，对凋落物层的质量进行了估测，结果表明，采用地统计学的克里格空间插值，结合多元回归和定积分的方法，可以实现落叶松人工林凋落物层质量的准确估计。

二、森林凋落物理化性质研究

（一）物理性质

森林凋落物的物理性质通常指凋落物的外在形态和物理强度，具体包括凋落物表面性质（是否具有蜡质、硬度、角质化及其程度，以及是否附生绒毛）、颗粒大小等。

（1）表面性质影响土壤微生物、动物的定殖与繁衍。

（2）凋落物硬度越大，微生物着生越困难，同时，硬度大小还影响土壤动物的啃食。

（3）颗粒大小指的是凋落物的表面积与体积比值，其决定了动物摄入的能力，同时也是影响酶侵入凋落物的一个重要特征。此外，诸如水分固持力、空气扩散等物理环境也会受到一定的影响，进而影响分解者的生长发育，从而影响凋落物的分解过程。

凋落物的物理性质是影响凋落物分解速率的重要因素之一，其某些指标可以用来预测凋落物的分解速率。凋落物的物理性质同时也受到其化学性质的影响。

（二）化学性质

凋落物的化学性质称为"基质质量"（substrate quality），也称为"凋落物质量（litter quality）"，定义为凋落物的相对可分解性，包括诸如含有碳（C）、氮（N）、磷（P）等养分元素，多糖、氨基酸等易分解组分，以及角质、木质素、纤维素、半纤维素、多酚类物质等难分解的有机成分。基质碳的性质是控制凋落物分解的主要化学因素。

（1）碳是微生物生长和发育过程必不可少的，而微生物生长所需要的碳源物质主要来源于凋落物的分解。微生物优先利用的碳源是粗脂肪、可溶性糖等。

（2）营养元素浓度是森林凋落物的主要特征之一，森林类型不同，凋落物营养元素浓度不同；凋落物组成不同，营养元素浓度也不同。氮元素是植物体的原生质和酶的必要成分，也是分解者微生物细胞组成的必需元素之一，因此在凋落物各组成中浓度最高；磷元素作为植物体能量转化、细胞结构、新陈代谢和信号传导的中心物质，其在花和果等繁殖器官中的浓度高于营养器官；钾元素在植物体中的功能是促进光合作用的酶活化，促进果实中糖的积累，因此，其在果和叶中的浓度高；钙元素主要存在于木质部分中，在大枝条中的浓度特别高；镁元素在植物体内参与基本代谢，在花、果中的浓度高。

另外，气候对凋落物化学元素成分的地理分布也会产生影响。研究表明，氮和磷元素的平均浓度的排序总趋势为：热带＜亚热带＜温带；钾元素的平均浓度与氮和磷相反，呈现出的总趋势为：温带＜亚热带＜热带；钙元素的平均浓度排序的总趋势为：温带＞热带和亚热带；镁元素的平均浓度由高到低为：热带＞亚热带和温带。凋落物的理化性质与植物种类的遗传特性有关，也与植物的生长环境有关；凋落物的化学性质是由其自身的化学成分和组成结构决定的。

（3）调节物质，如酚类物质、单宁等，广泛存在于高等植物的次生代谢产物中，它们不仅能够帮助植物抗菌、抗病，抵御动物采食，而且在陆地生态系统养分转化及氮循环方面起着重要的作用。

三、森林凋落物分解及影响因素研究

森林凋落物分解是生态系统物质循环和能量转换的主要途径，通过分解逐步把养分归还林地土壤，因而凋落物分解过程对森林土壤肥力和

林分生产力具有重要影响。凋落物的分解调节着碳、氮、磷等元素的转移和养分到土壤的运输，对土壤库的物质平衡起着重要作用，是土壤—植物亚系统物质循环中的重要环节，同时向大气中排放 CO_2。

(一)我国森林凋落物分解研究现状

贾丙瑞（2019）对我国森林凋落物分解研究现状进行的总结分析表明：①国内学者研究森林生态系统凋落物分解占生态系统的 65%，而且多集中在易于观测的地上凋落物部分，对地下根系凋落物分解研究关注度较低；②国内森林凋落物分解研究主要集中在碳、氮、磷 3 种元素，对其他重要化学组分，如钾、铁、锰、木质素、单宁等物质和环境污染相关重金属元素的迁移转化及调控机理的关注度不够；③进入 21 世纪以来，我国科学家在大气氮沉降和气候变化对森林凋落物分解的影响方面开展了大量研究工作，大气氮沉降是全球环境变化的重要方面，森林凋落物中含有大量植物生长发育所需的氮，因而其对生态系统的影响备受关注。最新研究表明，我国正逐渐由以 NH_4^+ 沉降为主的氮沉降模式转换为 NH_4^+ 和 NO_3^- 并重的新沉降模式。氮沉降和气候变化对森林凋落物分解的影响是当前的研究热点，特别是氮、磷等多因子交互作用对森林凋落物分解的影响、气候变暖背景下森林凋落物分解的温度敏感性、冻土区森林凋落物分解驱动机制的研究。

(二)森林凋落物分解过程

森林凋落物的分解既有物理过程，又有生物化学过程，包括淋溶作用（凋落物中可溶性物质通过降水而被淋溶）、自然粉碎作用（主要由腐食动物的啃食完成，但非生物因素如土壤干湿交替、冻融亦可使凋落物破碎）、代谢作用（由腐生微生物的活动把复杂的有机化合物转化成简单的无机化合物）。凋落物的整个分解过程由淋溶作用、自然粉碎作用和代谢作用等共同完成。

影响森林凋落物分解的因素诸多，主要包括环境因素、气候因素、凋落物性质及生物因素等。从全球大尺度来看，气候因素起主导作用；从区域小尺度来看，凋落物在分解的同时受自身质量（木质素，C、N、

P 含量，以及木质素/N 比、C/N 比等）、土壤理化性质、土壤动物和微生物的影响。

（三）凋落物分解的混合效应

陆地生态系统一般是由多物种组成的复杂系统，在凋落物分解过程中，不同种类凋落物间很可能存在交互作用。在早期的凋落物分解研究中，主要关注单一物种凋落物的分解及其影响因素，研究对象通常选取当地优势种或主要组成物种（约占 68%），但基于单一物种凋落物的研究并不能很好地探究凋落物在生态系统中的真实分解状态及其内在机制，而且具有一定的局限性（李宜浓等，2016）。在物种丰富度较高的森林生态系统中，地表凋落物常以混合物的形式存在，这种混合的结果不仅会通过改变分解环境影响分解过程、抑制凋落物间养分的互补，还会影响以凋落物为实物或栖息生境的土壤动物和微生物群落，最终影响到凋落物的分解速率和养分循环速率。多个物种的凋落物混合分解速率往往与混合物组分的预估单一平均分解速率有着较大的差异。研究发现，大多数混合凋落物分解实验，通过计算混合凋落物单种组分分解速率与质量比例的加权平均数，得到混合凋落物的期望分解速率，如果混合凋落物的实际分解速率与期望分解速率相等，就会表现为"加和效应"（additive effect），即多个物种凋落物混合有可能会促进分解，也有可能会延缓分解；混合凋落物的实际分解速率偏离于期望分解速率，则表现为"非加和效应"（non-additive effect），即混合效应（李宜浓等，2016）。

四、森林凋落物水土保持效应研究

森林凋落物的层结构疏松，像一层海绵一样覆盖在林地表面，因此凋落物具有较好的吸水和透水能力，可以有效避免雨滴的击溅、径流的侵蚀，阻延径流流速，拦截泥沙，在森林的水文生态效应和保土等功能方面起着十分重要的作用。凋落物水土保持效应研究涉及生态学、环境科学、土壤学、林学、农学等学科，体现出学科综合性和交叉性的特点。

(一)森林凋落物水土保持的研究内容

国内外学者已对森林生态系统凋落物的水土保持功能做了大量的研究，研究内容主要包括以下几个方面。

(1)凋落物的持水作用。如持水能力、吸水和持水过程、持水量等。凋落物的持水作用与其本身的性质、组成、数量及分解等具有密切的关系。

(2)凋落物的阻滞径流作用。森林地表径流受控于地表粗糙度、纵横交错的凋落物厚度、凋落物的质量等因子，阐明它们之间的关系，对揭示凋落物阻滞径流的机理具有重要意义。

(3)凋落物抑制林地土壤蒸发。林地土壤蒸发是一个物理过程，除与气候因子和土壤自身的含水量有关外，主要受凋落物层覆盖的影响。

(4)凋落物的抗侵蚀能力。凋落物的抗侵蚀能力主要包括凋落物对溅蚀的影响、对径流冲刷的影响等。

(5)凋落物层的水化学性质。除被林冠和树干截留外，降水进入森林生态系统后还可以被凋落物所截留，对随着水分进入凋落物层的各种物质进行着淋溶和吸附两种相反的复杂作用。降水在经过凋落物层的作用后，其化学元素也发生了变化。

(6)粗木质残体的水文效应。粗木质残体因种类、结构以及所处环境的不同，其水文效应与凋落物的水文功能存在着较大差异，目前国内尚缺乏对粗木质残体水文功能的系统研究。

(二)凋落物水土保持功能主要研究进展

近年来，部分地区生态环境持续恶化，全球面临的气候变化、水土流失、自然灾害频发等一系列生态环境问题都与森林植被覆盖率下降密切相关。正确认识和利用森林植被的水土保持功能已成为全球性的重要课题，凋落物的水土保持效应已引起学者和研究机构的广泛关注。

肖庆辉等（2021）基于 Web of Science 核心全集数据库和 CNKI 数

据库，运用数据可视化应用软件 CiteSpace 对国际有关凋落物水土保持效应在不同时期的研究前沿进行了系统的分析和总结。他们认为凋落物水土保持效应研究历程大致可分为起步阶段、发展阶段、全面提升阶段。其中，起步阶段研究前沿以"生态恢复""径流""森林土壤"等为研究目的和研究对象；发展阶段研究前沿为尺度范围更大的"水文""生物多样性"和研究对象更深入的"土壤有机物"；全面提升阶段研究前沿是由土地利用和植被退化引起的全球性气候问题，全面提升阶段应该是今后一段时期内关于凋落物水土保持效应研究的主要趋势和方向。我国关于凋落物水土保持效应的研究没有形成较为突出的重点研究热点和明显的发展趋势，研究内容主要集中在持水量、林冠截留、人工林等相对基础的研究层面。

第三节　橡胶人工林生态系统凋落物研究意义

巴西橡胶是一个比较典型的热带雨林树种，属多年生乔木，原产巴西亚马孙河流域，生长在南纬 0°—5°范围内的热带雨林中，该地区年平均气温 26～27℃，年较差小于 3℃，无 15℃以下的绝对低温，最冷月平均温度在 18℃以上，年降水量在 2 500mm 以上，月降水分布均匀，年平均相对湿度在 80％以上，生长区域常年具有充足的热量和水分（李国华等，2009）。橡胶树在其系统发育过程中，同化了典型热带雨林的生境条件，进而形成了喜高温、多雨、静风、沃土的生态习性。

由于经济发展的需要和受经济利益的驱使，在东南亚、南美、非洲的很多地区，成片的热带森林被砍伐后改种橡胶，土地利用发生了显著变化，在这种边缘的次适宜种植区，橡胶树的生长、产胶期和产量都受到了极大的影响（李国华等，2009）。同时，大面积的热带雨林被结构单一的橡胶林（其林冠结构简单，管理活动频繁，如定期喷洒除草剂、施肥、割胶和人畜踩踏等）所取代，导致水土流失等生态环境问题突显。目前，橡胶树广泛分布在亚洲、非洲、大洋洲、拉丁美洲的

40多个国家和地区，主要种植在东南亚地区，约占世界天然橡胶种植面积的90%。生产国主要集中在亚洲国家，包括泰国、印度尼西亚、越南、马来西亚、中国、印度、缅甸、斯里兰卡等，其中，前三国家的总产量占世界总产量的60%以上。巴西橡胶树在我国的生产性种植区主要分布在北纬18°—24°，在过去这个范围内大面积种植是无先例的。经过前人的不懈努力，克服重重困难，最终摸索出一套适于我国的独特的栽培新技术，巴西橡胶树在我国云南西双版纳、海南、广东等地广泛种植。

我国植胶区处于北热带的边缘地区，有明显的干湿季节，冬季还会伴随有短暂的低温。另外，橡胶树木质部具有较大的导管，叶片和枝条的抗旱能力都比同一地区同科的植物低，在每年的冬末春初存在明显的换叶期。不同于橡胶林，热带季节雨林结构较复杂，树种组成丰富，大部分植物为常绿植物，没有集中的落叶期，可见，橡胶树自身的生理特征和橡胶林的群落特征与热带季节雨林存在较大差异，决定了橡胶林比热带季节雨林具有更高的凋落物产量和现存量，也决定了橡胶林落叶的特殊性（熊壮等，2018）。

近些年来，国内学者对橡胶林凋落物的研究相继进行了大量报道，主要集中在橡胶林凋落物量（曹建华等，2011；薛欣欣等，2022b）、凋落物养分归还（赵春梅等，2009）、凋落物分解特征（金龙等，2015，2016；薛欣欣等，2019）、橡胶林凋落物的生态水文效应（卢洪建等，2011a，2011b；陆恩富等，2021；Liu et al.，2008）、凋落物动态（任泳红等，1999）、凋落物分解对土壤性质以及群落结构的影响（杨效东等，2000），并比较了橡胶林与热带雨林间的异同，从热带季节雨林转变为单层橡胶林，凋落物的水文功能明显退化（卢洪健等，2011a；陆恩富等，2021）。然而，受频繁人为割胶活动等的影响，台地凋落物的分解速率在雨季中后期加快，不利于其生态水文效应的发挥。

鉴于橡胶林凋落物的重要生态功能，在橡胶林管理和生态系统恢复过程中，一方面，要注意改善单一的种植结构，合理选择搭配树种，以使整个林地获得较大的凋落物生物量，从而具备较大的保持水分的物质基础；另一方面，更要合理安排人为管理活动，例如适当减少雨季前期的割胶活动，以使凋落物在雨季中后期还能较好地发挥阻滞径流和拦截泥沙等水文功效。同时，应减少除草剂的使用，以增加地被植物的组成部分，发挥更大的蓄水保土功效（卢洪健等，2011b）。

参　考　文　献

曹建华，陶忠良，赵春梅，等，2011. 不同树龄橡胶树枯落物养分归还比较. 热带作物学报，32（1）：1-6.

侯元兆，王琦，1995. 中国森林资源核算研究. 世界林业研究，3：51-56.

贾丙瑞，2019. 凋落物分解及其影响机制. 植物生态学报，43（8）：648-657.

蒋有绪，1981. 川西亚高山冷杉林枯枝落叶层的群落学作用. 植物生态学与地植物学丛刊，5（2）：89-98.

金龙，吴志祥，杨川，等，2015. 不同林龄橡胶凋落物叶分解特性与有机碳动态研究. 热带作物学报，36（4）：698-705.

金龙，吴志祥，杨川，等，2016. 不同环境下橡胶凋落叶分解的微生物研究. 森林与环境学报，36（1）：73-79.

李国华，田耀华，倪书邦，等，2009. 橡胶树生理生态学研究进展. 生态环境学报，18（3）：1146-1154.

李宜浓，周晓梅，张乃莉，等，2016. 陆地生态系统混合凋落物分解研究进展. 生态学报，36（16）：4977-4987.

梁佳宁，刘洋，姜博鑫，2020. 基于森林资源调查的北京西山油松人工林生物量动态变化研究. 林业科技，45（1）：38-41.

廖军，王新根，2000. 森林凋落量研究概述. 江西林业科技，1：31-34.

林波，刘庆，吴彦，等，2004. 森林凋落物研究进展. 生态学杂志，23（1）：60-64.

刘强，彭少麟，2010. 植物凋落物生态学. 北京：科学出版社.

卢洪健，李金涛，刘文杰，2011a. 西双版纳橡胶林枯落物的持水性能与截留特征. 南京林业大学学报（自然科学版），35（4）：67-73.

卢洪健，刘文杰，罗亲普，2011b. 西双版纳山地橡胶林凋落物的生态水文效应. 生态学杂志，30（10）：2129‐2136.

陆恩富，朱习爱，曾欢欢，等，2021. 西双版纳典型林型凋落物及其水文特征. 生态学杂志，40（7）：2104‐2112.

莫江明，彭少麟，Sandra Brown，等，2004a. 鼎湖山马尾松林群落生物量生产对人为干扰的响应. 生态学报，24（2）：193‐200.

莫江明，薛璟花，方运霆，2004b. 鼎湖山主要森林植物凋落物分解及其对 N 沉降的响应. 生态学报，24（7）：1413‐1420.

任泳红，曹敏，唐建维，等，1999. 西双版纳季节雨林与橡胶多层林凋落物动态的比较研究. 植物生态学报，23（5）：418‐425.

孙志虎，牟长城，张彦东，2007. 地统计学方法在长白落叶松人工林凋落物现存量估测中的应用. 生物数学学报，22（4）：703‐710.

王凤友，1989. 森林凋落量研究综述. 生态学进展，6（2）：82‐89.

温丁，何念鹏，2016. 中国森林和草地凋落物现存量的空间分布格局及其控制因素. 生态学报，36（10）：2876‐2884.

肖庆辉，覃发超，胡进耀，等，2021. 基于 CiteSpace 的凋落物水土保持效应研究现状及趋势. 四川林业科技，42（3）：111‐119.

熊壮，叶文，张树斌，等，2018. 西双版纳热带季节雨林与橡胶林凋落物的持水特性. 浙江农林大学学报，35（6）：1054‐1061.

薛欣欣，王文斌，魏云霞，等，2022a. 落叶定点收集装置：CN215884926U；2022‐02‐22.

薛欣欣，任常琦，徐正伟，等，2022b. 海南橡胶林落叶特征研究. 热带作物学报，43（2）：377‐384.

薛欣欣，吴小平，王文斌，等，2019. 坡度和埋深对橡胶林凋落叶分解及红外光谱特征的影响. 生态学报，39（3）：874‐883.

燕东，李意德，许涵，等，2011. 海南岛尖峰岭不同采伐方式热带雨林凋落物持水特性. 水土保持通报，31（2）：57‐60，67.

杨效东，沙丽清，2000. 西双版纳热带人工林与次生林土壤动物群落结构时空变化初查. 土壤学报，37（1）：116‐123.

张俊，张华，常畅，等，2020. 基于文献计量的凋落物研究现状及热点分析. 生态学报，40（6）：2166‐2173.

张瑞清，孙振钧，王冲，等，2006. 西双版纳热带雨林凋落叶分解的生态过程 I. 凋落叶分解动态. 植物生态学报，30（5）：780-790.

赵春梅，蒋菊生，曹建华，2009. 橡胶人工林养分循环通量及特征. 生态学报，29
（7）：3782-3789.

郑征，李佑荣，刘宏茂，等，2005. 西双版纳不同海拔热带雨林凋落量变化研究. 植物
生态学报，29（6）：18-27.

Bocock K L，Gilbert O，1957. The disappearance of leaf litter under different woodland
conditions. Plant and Soil，9：179-185.

Ebermayer E，1876. Die qesarnte lehre der waldstreu mit ruecksicht auf die chemiche
static des waldbaues. Berlin：Julius Springer.

Fogel R，Cromack K J，1977. Effect of habitat and substrate quality on Douglas fir litter
decomposition in western Oregon. Canadian Journal of Botany，55：1632-1640.

Gustafson F G，1943. Decomposition of the leaves of some forest trees under field condi-
tions. Plant Physiology，18：704-707.

Harmon M E，Franklin J F，Swanson F J，et al.，1986. Ecology of coarse woody debris
in temperate ecosystems. Advances in Ecological Research，15：133-302.

Julien K N D，Arnauth M G，Ettien F E，et al.，2018. Can litter production and litter
decomposition improve soil properties in the rubber plantations of different ages in Cte
d'Ivoire? Nutrient Cycling in Agroecosystems，111：203-215.

Liu W J，Liu W Y，Li J T，et al.，2008. Isotope variations of throughfall，stemflow
and soil water in a tropical rain forest and a rubber plantation in Xishuangbanna，SW
China. Hydrology Research，39：437-449.

Loranger G，Pong J F，Imbert D，et al.，2002. Leaf decomposition in teo semi-ever-
green tropical forests：influence of litter quality. Biology and Fertility of Soils，35：
247-252.

Melin E，1930. Biological decomposition of some types of litter from North American
forests. Ecology，11：72-101.

Olson J S，1963. Energy storage and the balance of producers and decomposers in ecologi-
cal systems. Ecology，44：332-341.

Silver W L，Hall S J，González G，2014. Differential effects of canopy trimming and
litter deposition on litterfall and nutrient dynamics in a wet subtropical forest. Forest
Ecology & Management，332，47-55.

Taylor B R, Parkinson D, Parsons W, 1989. Nitrogen and lignin content as predictors of litter decay rates: a microcosm test. Ecology, 70 (1): 97 - 104.

Vitousek P M, Turner D R, Parton W J, et al. , 1994. Litter decomposition on the mauna loa environmental matrix, Hawai'i: patterns, mechanisms, and models. Ecology, 75 (2): 418 - 429.

第二章 森林凋落物生物量研究

生物量作为森林经营的重要指标之一，是森林生态系统结构优劣和功能高低的最直接表现，反映了植被生态系统的初级生产力水平，其依赖于植物或生产者的遗传特性、森林发育阶段、对环境的适应能力以及人为经营因素等。凋落物生物量是植被生态系统中植物生物量的重要组成部分，某种程度上反映了森林初级生产力水平。森林类型和组成结构的变化也必然导致凋落物数量和组成发生变化。凋落物生物量根据研究需要分为凋落物产量和凋落物积累量（凋落物现存量）。本章主要围绕森林凋落物组分特征、凋落物生物量空间分布、凋落物生物量季节和年际变化、凋落物生物量对全球环境变化的响应，以及影响凋落物生物量的气象因子等方面进行详细阐述。

第一节 森林凋落物组分及其影响因素

一、不同森林类型凋落物组分特点

森林凋落物主要由叶凋落物、枝凋落物、花果凋落物、皮凋落物、根凋落物以及其他杂物等构成。凋落物组分反映了不同森林类型的凋落物特点，凋落物组分的比例因森林类型的不同而有所差异，明确森林凋落物的组分有助于深入理解生态系统的物质循环和能量流动。以往研究主要以地上部分的凋落物为对象，地下部分研究较少。

凋落物不同组分的年凋落量由大到小的顺序基本表现为：叶凋落物＞枝凋落物＞花果凋落物＞其他杂物，吴承祯等（2000）曾对我国主要森林类型凋落物量进行总结，我国主要森林类型年凋落物组分特征如

表 2-1 所示，凋落物各组分的比重表现为：叶凋落物占凋落物总量比例为 49.6%～100%，枝凋落物占凋落物总量的比例为 0～37%，花果凋落物占凋落物总量的比例为 0～32%，其他组分占 10%左右。

表 2-1 我国主要森林类型年凋落物组分特征

森林类型	年凋落量/(t/hm²)	组分占比/%			
		叶凋落物	枝凋落物	花果凋落物	其他组分
火炬松林	10.71	100.0	/	/	/
栓皮栎林	7.36	56.2	16.5	22.8	4.5
杉木林	1.67	60.2	18.4	15.9	5.6
山地雨林	8.2	49.6	37.0	/	13.4
半落叶季雨林	9.7	76.4	17.5	/	6.1
南亚热带常绿阔叶林	8.2	66.0	15.0	/	19.0
青冈常绿阔叶林	5.55	68.3	14.8	15.0	1.9
黄果厚壳桂林	12.16	72.2	17.9	1.7	3.2
山地雨林更新林	8.5	56.2	33.0	/	10.8
杉木林	5.18	52.2	30.7	11.8	5.3
常绿落叶混交林	5.51	68.5	14.2	5.4	11.9
答腊金合欢林	7.9	94.6	1.2	4.2	/
海莲红树林	12.55	64.3	3.7	32.0	/
马尾松火力楠混交林	6.28	69.5	6.3	10.8	13.4
马尾松纯林	5.65	59.3	8.5	5.7	26.5
火力楠纯林	6.67	63.9	12.4	16.5	7.2
马尾松纯林	5.48	63.7	12.4	5.3	18.6
柠檬桉-马尾松混交林	5.12	62.9	13.5	7.3	16.3
麻栎林	4.80	53.7	30.9	7.6	7.8
南亚热带阔叶林	9.06	52.7	21.1	26.2	/
南亚热带针叶林	2.70	64.6	12.4	23.0	/
倒卵叶石栎林	4.34	81.9	16.6	1.5	/
木果石栎林	7.17	73.2	19.8	7.0	/
栎类萌生林	4.48	82.6	11.8	5.6	/
滇山杨林	2.61	95.3	4.6	0.1	/
旱冬瓜林	6.86	86.0	12.6	1.4	/
思茅松林	4.43	98.4	1.6	0	/
云南松林	3.40	100.0	0	0	/

（续）

森林类型	年凋落量/(t/hm²)	组分占比/%			
		叶凋落物	枝凋落物	花果凋落物	其他组分
亚热带杉木林	4.25	56.5	25.2	/	18.3
亚热带马尾松林	5.72	67.2	8.3	/	24.5
亚热带阔叶林	7.99	56.5	25.2	/	18.3
亚热带混交林	5.15	67.3	12.4	/	19.3
亚热带麻栎林	7.17	75.6	12.4	/	12.0
热带山地雨林	7.69	66.1	21.3	/	12.6

注：火炬松 *Pinus taeda*；栓皮栎 *Quercus variabilis*；杉木 *Cunninghamia lanceolata*；黄果厚壳桂 *Cinna momum coninna*；答腊金合欢 *Acacia glauca* （Linn.）；海莲红树 *Bruguiera sexangula*；马尾松 *Pinus massoniana*；火力楠 *Michelia macclurei*；柠檬桉 *Eucalyptus citriodora*；麻栎 *Quercus acutissima*；倒卵叶石栎 *Lithocarpus pachyphylloides*；木果石栎 *Lithocarpus xylocarpus*；滇山杨 *Form Populusbonatii*；思茅松 *Pinus kesiya* var. *langbianensis*；云南松 *Pinus yunnanensis*。

对于占比较大的叶凋落物而言，其占比因森林类型的不同而不同，不同森林类型叶平均凋落量占年平均凋落物总量的百分比如表2-2所示。落叶阔叶林占比最大，平均约为81.4%，其次为热带雨林、季雨林（66.0%），针叶林最小，为58.1%（廖军等，2000）。

综上所述，森林凋落物中，叶凋落物占绝对优势。叶凋落物是森林生态系统物质循环中最活跃的部分，叶凋落物量由叶生物量决定，由于叶寿命短，更新很快，其年凋落物量基本代表了叶的生物量。著者通过对海南橡胶树凋落物产量的研究发现，不同树龄叶凋落物占比变幅为51.0%~100.0%，平均为71.4%，略高于热带雨林的66.0%。

表2-2 不同森林类型叶平均凋落量占年平均凋落物总量的百分比（%）

项目	热带雨林、季雨林	常绿阔叶林	落叶阔叶林	常绿落叶阔叶混交林	针阔混交林	针叶林
叶平均占年平均凋落物总量的百分比	66.0	66.4	81.4	60.3	65.0	58.1

我国主要森林类型凋落物现存量及组分比例见表2-3。针对地表凋落物组分现存量来看，热带森林类型凋落物以其他组分所占比例较

高，其次为枯叶和枯枝；亚热带和温带均以枯叶为主，所占比例为48.00%～90.82%，其次为枯枝，占7.13%～40.80%，其他组分所占比例较低，为0.79%～42.94%。

表2-3　我国主要森林类型凋落物现存量及组分比例

气候带	森林类型	林龄/年	凋落物现存量/（t/hm²）	组分比例/%		
				枯叶	枯枝	其他组分
热带	假柿木姜子-印度锥次生林	23	4.68	29.07	36.33	37.60
	白背桐-假柿木姜子次生林	35	5.17	29.91	29.03	41.06
	绒毛番龙眼-千果榄仁原始林	100	4.02	28.16	28.90	42.94
亚热带	格氏栲天然林	150	8.99	64.96	31.59	3.45
	格氏栲人工林	40	7.56	61.38	37.83	0.79
	马尾松人工林	23	15.54	82.30	12.70	5.00
	杉木人工林	27	3.53	48.00	40.80	11.20
	马尾松-甜槠-木荷次生林	60	6.15	73.60	13.60	12.80
	马尾松-青栲-拉氏栲人工林	28	11.14	60.14	25.91	13.95
温带	落叶松人工林	28	25.61	69.17	27.87	2.96
	油松-蒙古栎人工林	30	11.13	90.82	7.13	2.05
	油松人工林	30	8.26	83.11	11.67	5.22
	山杨次生林	中龄	8.34	79.50	18.10	2.40

注：假柿木姜子 *Litsea monopetala*；印度锥 *Castanopsis indica*；白背桐（白杨火）*Mallotus paniculatus*；绒毛番龙眼 *Pometia tomentosa*；千果榄仁 *Terminalia myriocarpa*；格氏栲 *Castanopsis kawakamii*；马尾松 *Pinus massoniana*；杉木 *Cunninghamia lanceolata*；甜槠 *Castanopsis eyrei*；木荷 *Schima superba*；青栲 *Cyclobalanopsis myrsinaefolia*；拉氏栲（鹿角锥）*Castanopsis lamontii*；落叶松 *Larix karmpferi*；油松 *Pinus tabulaeformis*；蒙古栎 *Quercus mongolica*；山杨 *Populus davidiana*。

二、影响森林凋落物组分凋落量的因子分析

（一）气象因子

吕国红等（2014）收集了1977年以来的300多篇相关文献，对主要森林类型凋落量及其气象资料进行了系统分析，并研究了中国天然林和人工林凋落量不同组分的气象影响状况，结果显示，天然林凋落量各

组分与气象因子的相关系数明显高于人工林。气温明显影响人工林的叶、枝条、花果凋落物的凋落，但是年极端最高气温对凋落物各组分的影响较小或无影响。天然林的叶、枝条和花果凋落量与年平均气温相关性较高，树皮凋落量与年平均风速呈显著相关。建议在以后的研究中进一步缩小气温的时间尺度，明确小尺度的气象因子对凋落物组分的影响程度。

石佳竹等（2019）对海南尖峰岭热带山地雨林凋落量及其动态进行了研究，结果发现，海南尖峰岭热带雨林凋落物总产量及各组分凋落量受不同气象因子的影响，其中，枝凋落量与各气象因子均无显著相关，叶凋落量与月极小气温和平均气温显著相关，其他杂物凋落量与日最高气温显著相关，凋落物总产量与平均气温显著相关。付琦等（2019）对北方森林凋落物动态进行研究，发现凋落物总量和兴安落叶松凋落叶量的年际动态变化驱动因子为生长季月平均温度，而枝、果实及其他繁殖器官凋落量与年最大风速显著相关，气象因子与不同凋落物组分生物量之间的回归方程如表 2－4 所示。

表 2－4　气象因子与不同凋落物组分生物量之间的回归方程

气象因子	不同凋落物组分	方程	R^2	P
年最大风速	枝	$y=0.028x-0.488$	0.936	0.032
	果实及其他繁殖器官	$y=0.023x-0.660$	0.996	0.002
生长季（5—9月）平均温度	凋落物总量	$y=1.024x-13.903$	0.918	0.042
	落叶松叶	$y=0.928x-13.208$	0.981	0.009

宋彦君等（2016）对浙江普陀山岛森林凋落量动态与微气候的关联性进行研究发现，森林凋落物月总凋落量、叶凋落量、果凋落量和碎屑凋落量的主要控制因素均为空气温度，且随空气温度的升高而增大；枝凋落量的主要影响因素是森林上层风速，它同样起着显著的正向作用；花凋落量与空气湿度之间呈负相关关系。

袁方等（2018）通过对过去近 40 年有关报道进行总结，结果表明，不同气候带条件下，影响森林凋落量的主要因子会有所差异，例如，温带地区天然林凋落量与年均降水量和年均温均呈显著正相关；亚热带地区天然林凋落物量与年均温呈显著正相关，与年均降水量无显著相关；热带地区雨林凋落物量与年均温呈显著负相关，与年均降水量无显著相关。

（二）极端气候

官丽莉等（2004）分析了鼎湖山南亚热带常绿阔叶林凋落物量 20 年动态变化，结果表明，枝凋落量受气候因素（特别是台风、暴雨等偶然的天气变化）影响最大。总的来看，年平均气温、年平均最低气温和年平均最高气温是影响凋落叶、枝条和花果凋落量的主要气象因素。遭受台风影响时，枝条在外力作用下发生非正常凋落，在林地产生大量的断枝和倒木，其中树枝、树干的比例显著增大；抑或在极端低温条件下，植物正常的新陈代谢和生长受到限制，叶片会发生非正常凋落，进而造成凋落叶产量大幅增加（吴仲民等，2008）。Lin 等（2018）对云南西双版纳地区橡胶林进行了多年监测，研究发现，与干旱胁迫相比，低温胁迫是云南地区橡胶林发生集中落叶的关键驱动因素。

三、天然林与人工林凋落量的差别

天然林和人工林起源不同，物种组分及结构、功能也不同，它们的结构特点决定了森林质量和功能。将森林类型按照来源区分为天然林和人工林，将有助于区分森林结构对凋落量的影响。杨玉盛等（2003）对天然林与人工林凋落量进行对比发现，与针叶树人工林相比，天然林的凋落物数量大、养分归还量高、分解快，具有良好自我培肥地力的能力。吴毅等（2007）对滇石林地质公园喀斯特山地天然林和人工林凋落物进行分析发现，滇青冈天然林年凋落量显著高于云南松和干香柏人工林，天然林和人工林凋落量均显著高于团花木新姜子（*Neolisea homiantha*）次生林，但人工林的凋落物现存量却明显高于天然林和次生林。天然林和人工林凋落量受气候因子的影响有所差异，二者具有一定的相似特性，天然林和人工林的凋落量均与森林净初级生产力呈显著线性相关，与地理因子呈负相关，其中，纬度和海拔是影响凋落量的主要因子；二者的不同之处在于，天然林凋落物量受气象因子的影响程度大于人工林。

第二节　森林凋落物生物量空间分布及其影响因素

20 世纪 60 年代，国外学者就已经开始对区域或全球森林凋落物量及其动态开展研究。在林分尺度上，一般用凋落物收集器测定森林凋落物，并分析季节或年间变化或林分空间分布特征；在区域尺度或全球尺度上，主要通过构建森林凋落物量和气候因子的回归模型或使用插值外推法，估测不同气候条件下森林凋落物量，并根据森林面积计算森林凋落物总量（申广荣等，2017）。

Bray 等（1964）首次对世界范围内森林凋落物量进行了系统研究，之后，众多学者对不同气候区的森林和世界范围内的森林凋落物进行了估测和格局分析（Meentemeyer et al.，1982；Lonsdale，1988；Matthews，1997）。而在我国，林分和全国尺度上凋落物量的研究始于 20 世纪 80 年代。总结以往研究发现，我国主要生态系统森林年凋落物量为 $1.67 \sim 12.5 t/hm^2$，以西双版纳勐仑的热带季雨林年凋落物量最大（$12.5 t/hm^2$），海南岛尖峰岭热带半落叶季雨林（$9.8 t/hm^2$）次之，广东鼎湖山南亚热带季风常绿阔叶林位居第三，为 $8.9 t/hm^2$，最小的则为江苏南部北亚热带杉木林，为 $1.67 t/hm^2$，西双版纳热带季雨林的年凋落物量是它的 7.5 倍（廖军等，2000）。

凋落物量受地带性、气候条件、植被类型、森林结构以及林木生理特征等一系列因素的影响。按森林类型划分，森林凋落物量由大到小的顺序表现为：热带雨林＞常绿阔叶林＞针阔混交林＞落叶阔叶林＞针叶林＞寒温带针叶林（袁方等，2018）。按气候条件来划分，贾丙瑞等（2016）对我国 1970—2014 年发表的 308 组中国天然林凋落物量数据进行了统计，年凋落物量具有明显的气候地带性，由高到低表现为：热带（9.30t/hm²）＞亚热带（6.66t/hm²）＞温带（3.56t/hm²）＞寒带（2.45t/hm²）。王健健等（2013）对我国中东部不同气候带成熟林凋落物产量进行分析发现，年凋落物量由高到低表现为：亚热带森林（5.74t/hm²）＞暖温带森林（3.96t/hm²）＞温带森林（3.74t/hm²）＞寒温带森林（2.49t/hm²）。

凋落物生物量的全球分布格局如表 2-5 所示（彭少麟等，2002）。从地理位置空间分布来看，森林凋落物年产量随着海拔增加表现出下降的趋势，随纬度的升高呈明显下降趋势，纬度每升高 1°，森林年凋落物量下降 0.19~0.27t/hm²；全球尺度上，随纬度的增高，凋落物产量下降，而凋落物现存量上升。在我国，从热带到亚热带和温带，随着纬度的增高，凋落物现存量增加，主要控制因素为温度，L 层（未分解层）所占比例逐渐增加，F 层（半分解层）和 H 层（腐殖质层）所占比例逐渐减小（郑路等，2012）；等效纬度和年均温对凋落物量的解释度为 60%，热量因子是影响森林年凋落物量的主要驱动因素。

表 2-5　凋落物生物量的全球分布格局

综合方式	类型	年凋落物产量/（t/hm²）	凋落物现存量/（t/hm²）	文献来源
按气候条件划分	赤道两侧（热带、亚热带）	7.9	/	Bray 等（1964）
	暖温带	4.9	/	
	凉温带	3.1	/	
	极冷高山带	0.9	/	
按温度划分	热带低地湿润雨林	5.6~13.3（凋落叶 5.4~8.1）	3.9~11.7（凋落叶 1.7~5.1）	Anderson 等（1983）
	热带山地雨林	6.8~10.1（凋落叶 4.8~5.5）	6.1~16.5（凋落叶 5.1~11.7）	
	温带落叶林	3.1~10.7	3.6~12.6	

（续）

综合 方式	类型	年凋落物产量/ （t/hm²）	凋落物现存量/ （t/hm²）	文献来源
按森林 类型划分	热带雨林	12.0	/	王伯荪等（1997）
	热带季雨林	11.2（干物质）	8.2	
	亚热带常绿阔叶林	10.0	0.7	
	温带落叶阔叶林	6.2	122（土壤中死亡的 有机体总量）	
	寒温带针叶林	/	1 000（老龄林）	
中国主要 森林类型	海南岛热带山地雨林	7.7～9.7	/	卢俊培等（1989）
	西双版纳季节雨林	8.42	/	任泳红等（1999）
	鼎湖山南亚热带 季风常绿阔叶林	9.1	/	翁轰等（1993）
	燕山东段暖温带森林	/	4.25～28.67	郑均宝等（1993）
	长白山温带针叶林	1.7～2.4	/	程伯容等（1992）

第三节　森林凋落物动态变化及其影响因素

森林凋落物的动态变化是指凋落物量在时间和空间上的变化。森林凋落物的时空动态决定了凋落物输入模式，更能反映出外界环境对森林生态系统结构和功能的影响。在空间分布方面，凋落物量在全球有一定的空间上的分布特点，即随纬度增高，凋落物量下降，但凋落物现存量增加。而在时间变化方面，以年为时间单位的研究凋落物年际动态较多（Clarke et al.，1996；郑逢中等，1998；武启骞等，2017），也有部分是关于凋落物季节变化节律的研究（任泳红等，1999；刘颖等，2009；张晴晴等，2016；Julien et al.，2018；薛欣欣等，2022）。

一、森林凋落物量季节动态及其影响因素

森林凋落物的季节动态是凋落物研究的重要内容之一。落叶的节律性总体反映了植物叶片适应环境的生理生态策略，是植物功能群的重要

特征。凋落物季节变化格局，除遵循生物规律外，还约束于季节性的气候条件变化、森林类型、树种组成以及地理因素等（官丽莉等，2004）。不同类型森林凋落物月动态见图 2-1。森林月凋落量动态变化呈现出不同的模式，主要为单峰型、双峰型和多峰型 3 种季节动态变化模式，也有不规则类型（林波等，2004）。

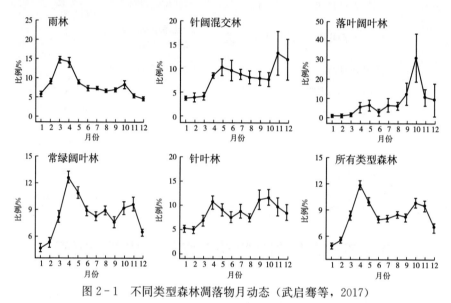

图 2-1　不同类型森林凋落物月动态（武启骞等，2017）

在我国，季节动态呈双峰型的凋落物峰值基本出现在每年的 4 月和 10 月，而单峰型出现的季节与林木的生长特性相关。武启骞等（2017）对 6 种温带森林凋落物量进行研究发现，年内不同群落凋落物总量以具有一定时间规律的单峰曲线模式波动。9—10 月是明显的凋落高峰期，该阶段的凋落量占凋落总量的 47%～62%，不同群落的凋落峰值出现时间差异较大。一些阔叶林或针叶林为单峰型变化模式，如火炬松、栓皮栎、黄果厚壳桂、箭竹、火力楠、桉松混交林等林分为单峰型。常绿阔叶林和针阔混交林等次生林多数是双峰型，第一个高峰发生在雨季刚开始的 4 月、5 月，第二个高峰则在 8 月、9 月，凋落物最少出现在 1 月、12 月。石佳竹等（2019）对海南尖峰岭热带山地雨林凋落物产量动态进行了研究，结果发现，凋落物总产量的季节变化不规则，出现 3

次峰值，各组分凋落物量季节变化呈双峰型，峰值存在差异；春季、秋季和冬季以叶凋落为主，夏季则以枝凋落为主。另外，台风也是影响海岛热带雨林峰期产生的主要原因。总体来看，热带地区旱季和雨季对森林月凋落量的节律变化有明显的影响，而雨季初期植物换叶和雨季末期台风的影响被认为是亚热带常绿阔叶林峰期产生的主要原因。

二、森林凋落物量年际变化及其影响因素

森林年凋落物量因气候和森林类型不同而异。官丽莉等（2004）对鼎湖山南亚热带常绿阔叶林凋落物量 1981—2001 年动态进行研究（表 2-6），结果表明，鼎湖山南亚热带常绿阔叶林平均年凋落量为 8.41t/hm²，凋落物有"大小年"现象，年际波动显著，总体来看，1981—2001 年间年凋落物总量呈下降趋势，这可能与本身的群落特征和所处的演替阶段有关，是森林维持稳定生产力的一种自我调节。宁晓波等（2009）对湖南会同连作杉木林的凋落物量进行连续 20 年的定位观测，发现第 8 年至第 20 年，凋落物量总体呈上升趋势；第 8 年至第 12 年，凋落物量迅速增加；第 11 年至第 16 年，出现较明显的"大小年"现象。武启骞等（2017）研究了帽儿山地区森林凋落物量的时间动态及其影响因子，选取 6 种温带森林树种，发现凋落物各组分的年际变化有所不同，枝凋落量较为稳定；叶凋落量与凋落总量一致，表现为升高-降低波动明显；繁殖器官及其他凋落量随林龄增加而增加。其中，降水量是影响年凋落物量的主要气象因子。贾梦可等（2020）对桂西南喀斯特季节性雨林叶凋落量的时空动态进行了研究，结果发现，不同年际间叶凋落量存在明显差异，生态因子对叶凋落量年际动态存在显著影响，利用年均叶凋落量与所有因子的广义可加模型（GAMs）检验发现，该模型对年均叶凋落量的累计解释率为 69.3%，其中，海拔对叶凋落量的影响最强，解释率为 46.5%。生物因子如胸径变异系数、单位面积胸高断面积之和及物种丰富度则对叶凋落物量的影响较弱，解释率近于零。

表 2-6 鼎湖山南亚热带常绿阔叶林凋落物组分年动态及其占比

年份	枯叶		枯枝		其他	
	凋落量/(t/hm²)	百分比/%	凋落量/(t/hm²)	百分比/%	凋落量/(t/hm²)	百分比/%
1981	5.89	64.31	1.23	13.42	2.04	22.27
1982	4.75	66.84	1.01	14.25	1.34	18.92
1983	5.96	54.01	3.05	27.61	2.03	18.38
1984	4.89	53.46	1.18	12.93	3.08	33.61
1985	3.64	37.75	4.00	41.50	2.00	20.74
1986	4.76	59.11	1.19	14.77	2.10	26.12
1987	4.33	47.38	2.19	24.02	2.61	28.60
1988	4.08	51.35	1.69	21.25	2.18	27.40
1989	5.27	56.64	1.81	19.52	2.22	23.84
1991	4.38	57.79	1.19	15.75	2.00	26.47
1994	4.36	45.41	3.35	34.88	1.89	19.71
1995	4.14	51.58	1.81	22.58	2.07	25.84
1996	4.56	58.84	1.43	18.40	1.76	22.76
1997	2.64	30.69	2.78	32.35	3.17	36.96
1998	3.73	51.48	1.49	20.54	2.03	27.98
1999	3.10	35.00	3.42	38.65	2.33	26.35
2000	2.96	46.38	1.26	19.75	2.16	33.87
2001	2.84	38.65	2.07	28.14	2.44	33.21
平均	4.26	50.99	1.99	23.07	2.16	25.95
变异系数/%	22.23	19.80	45.04	37.32	20.80	21.23

极端天气也是影响森林凋落物年凋落量的关键因子。植物在遭受台风干扰后会产生更多的不正常的枯枝落叶。Lin 等（2003）对中国台湾福山亚热带常绿阔叶林凋落物量的研究发现，强台风可以显著增加该区域的凋落物量，且年凋落物量与台风的频度和强度呈显著正相关。吴仲民等（1994）报道了海南尖峰岭热带山地雨林年凋落物总量与年台风影响次数之间呈正相关关系。王敏英等（2007）发现在海南岛中部丘陵地区的植被受大台风侵袭影响后紧接着的一年，植被年凋落物量小于同类

型植被台风较小的正常年份的年凋落物量。可能台风影响产生的集中落叶使后续可凋落的叶量有所减少。但也有研究认为，台风与高温干旱的极端天气对年际间的凋落物量无明显影响。台风对叶与枝凋落量有瞬时的影响，高温干旱对凋落物量的影响有一定的滞后，且影响更强；低海拔区域凋落物总量更易受到台风和高温干旱的影响，生长于低海拔区域的植物抗极端天气的能力更弱；对于各优势种，极端天气改变了部分物种叶凋落量在空间上的分布格局（袁铭皎，2016）。

森林凋落物量除与环境因子有关外，还与森林生态学特性密切相关，如林分密度、林龄、树冠大小、人类干扰活动等。张远东等（2019）的研究表明，林分密度与胸高断面积组合因子更能反映凋落物特征。金亮等（2016）的研究报道，秋茄中龄林凋落物量显著高于成熟林；各组分凋落物中，落叶量和落枝量占凋落物总量的比例仍以中龄林高于成龄林，落花量和落果量则是成熟林高于中龄林。中龄林凋落物量大于成龄林，其原因主要与林分密度和生长发育阶段有关，24 年生中龄林处于快速生长期，自疏现象比较明显，凋落物较多。莫江明等（2001）通过对比收割凋落物和林下层与无人类干扰对凋落物量的影响，结果发现，当停止人为干扰后，凋落物产量及其养分归还量相对于继续受干扰的松林趋向逐年增加。

第四节　全球环境变化与森林凋落物量的关系

全球环境变化主要包括气候变化、大气组成变化、土地利用变化和生物多样性变化等方面。全球环境变化中对凋落物的动态变化有较直接影响的是气候变化和大气组成变化。全球气候变暖是较明显的气候变化（彭少麟等，2002）。大气 CO_2 浓度的升高是全球变暖的主要驱动因子，预测认为 CO_2 浓度倍增后，地表温度将会上升 1.5～4.5℃（Alward，1999）。全球变暖不仅会影响凋落物的质量和数量，还会增加森林生物量和凋落物量。从地理位置分布上看，热带、亚热带地区增温幅度小，森林生物量增幅小，而温带、寒带增温幅度大，森林生物量增加较多。森林生物量对全球变暖的响应程度不同，凋落物产量的变化相应也有所不同。

一、全球变暖与森林凋落物量的关系

人口的急剧增加和快速的资源消耗导致全球环境发生变化。近年来，全球变暖日益加重，气温不断升高。预计到 2035 年全球平均地表温度将持续升高，可能升温 $0.3\sim0.7℃$。大气 CO_2 浓度上升及相关的潜在气候变化预期会对植物和生态系统产生直接或间接的影响。对大气 CO_2 浓度上升的直接响应的预测是植物生物量的增加和森林生产率的提高；在大气 CO_2 浓度倍增条件下，森林树木的净初级生产增加，叶干重增加 32％。De Lucia 等（1999）研究发现，12 龄的火炬松人工林暴露在高于环境 CO_2 浓度 $200mL/cm^3$ 的大气中，其净生产力（NPP）增加了 25％。Nadal 等（2019）研究表明，在地下水位保持合适的水平下，全球变暖会延长森林植被的营养生长期，进而显著提高植被的生产力。中国是全球气候变化的敏感区和影响显著区，极端气候多，温度变化区域差异明显。热带、亚热带增温幅度较小，而温带、寒带增温幅度较大。全球变暖将会增加森林生物量，进而增加凋落物产量（于香君等，2021）。

凋落物现存量反映凋落物产量和凋落物消失量的动态平衡，是凋落物输入与分解后的净累积量。凋落物消失量受凋落物分解速率制约，分解速率随全球变暖而加快。分解速率的增长率如果超过凋落物产量的增长率，将导致凋落物现存量的减少，凋落物将向大气释放更多的 CO_2；反之，凋落物现存量则会增加，能够固定更多大气中的 CO_2。Cotrufo 等（2010）研究发现，提升 CO_2 浓度对加杨的年凋落物未产生显著的影响，但却延缓了其第三个生长季的落叶凋落时间。

二、氮沉降增加与森林凋落物量的关系

随着工业化、城市化以及农业生产的迅猛发展，人们对化石燃料

和工业化肥的使用大大增多，大气氮沉降问题日益凸显。近 100 年来，全球氮沉降量增加了 110%。中国目前已成为大气氮沉降的热点地区。中国热带和亚热带地区一些森林生态系统年氮沉降量高达 $30\sim73\text{kg/hm}^2$，已超过生态系统氮饱和临界值（25kg/hm^2）。一方面，氮沉降会增加有效氮的输入从而促进植物生产力；另一方面，过量的氮输入会改变植物的生理生态机制（樊后保等，2006；闫慧等，2013），进而引起土壤酸化、植物多样性减少、森林生产力下降、树木死亡等一系列问题，已引起广泛关注。

施氮对凋落物的部分作用效果从宏观上表现为对森林生态系统生产力的影响，而从微观上表现为对凋落物体内的养分含量动态变化的影响。研究报道，施氮处理对总凋落量和兴安落叶松凋落叶产生抑制作用，凋落量随氮浓度增加而逐渐降低，然而不同施氮处理对枝、果及其他繁殖器官凋落量作用不明显（付琦等，2019）。赵鹏武等（2016）在兴安落叶松上的研究表明，NH_4Cl 处理下的凋落物量随氮浓度的增加逐渐减少，具有抑制作用；KNO_3 处理下的凋落物量随氮浓度增加呈增加趋势，说明氮形态对凋落物量的影响机制存在差异。由此可见，凋落物量不仅受到氮沉降量的影响，还受氮输入形态的影响。

三、土地利用变化与森林凋落物量的关系

土地利用变化导致的土地利用强度增加会引起土壤质量退化。从已有研究来看，土地利用变化包括两方面重要内容：一是土地利用强度变化；二是土地利用中植被群落结构变化。研究表明，天然林转变为橡胶林和槟榔林显著改变了土壤性质和质量，凋落物量、根长密度、细根密度、土壤总孔隙度、最大持水量、土壤有机碳和总氮含量均显著降低，土壤容重显著增加。群落性状、细根密度和凋落物可较好地解释土壤质量变化，强化人工林林下植被和凋落物管理有利于土壤质量改善（文志等，2019）。

陆恩富等（2021）对西双版纳地区热带季节雨林、单层橡胶林以及橡胶-可可、橡胶-大叶千斤拔等农林复合系统4种典型林型凋落物生态效应进行研究，结果表明，热带季节雨林总凋落物储量显著大于其余林型，单层橡胶林和农林复合系统间差异不显著，这是由于热带季节雨林生态系统比较成熟，生态系统物质循环过程连续性较好，凋落物输入量较大，而其他林型因为林龄较小，还处于旺盛的生长时期，更倾向于将物质用于增加自身的生物量，而不是将其投入到"稳定"的物质循环过程。另外，热带季节雨林结构复杂、物种丰富，造成凋落物组成更为复杂，混杂程度和分解程度较高。

第五节　实例研究 I——海南橡胶林凋落物量及其影响因素

我国植胶区处于热带北缘，气候条件处于橡胶树生长的北限，与橡胶原产地南美热带雨林环境相比，多表现为冬春低温、季节性干旱，进而形成特有的落叶格局（何康等，1987）。关于橡胶树集中落叶，以往通常被认为是由干旱胁迫或者干旱胁迫与低温胁迫共同作用造成的（Li et al.，2016），但这一传统观点鲜被证实。Lin 等（2018）通过对云南西双版纳地区橡胶林进行连续4年的树干液流数据、林冠相片和常规气候因子进行分析，研究发现低温胁迫是影响该地区橡胶树落叶格局的主要气候因子，同时，橡胶树遭遇低温后会出现集中落叶并进入休眠状态，这一研究进一步加深了人们对橡胶林落叶格局的理解。石佳竹等（2019）对海南尖峰岭热带山地雨林凋落物产量及其动态的研究发现，凋落叶产量与月极小气温和平均气温显著相关。由此可见，温度对凋落物产量的形成具有重要作用。海南岛与西双版纳地区是我国两大主要橡胶生产基地，两地植胶气候环境的差异决定了橡胶生长、落叶格局等呈现出差异（刘少军等，2018）。另外，凋落物量和落叶格局还受海拔、纬度、降雨等因素影响。低、中、高海拔地区橡胶落叶量显著降低，并且高海拔地区橡胶落叶量年变化呈单峰型，集中落叶期在 1 月，而低、中海拔地区落叶量年变化呈双峰型，落叶高峰出现在 1—2 月和 8—9 月（贾开心，2006）。落叶格局影响橡胶生产和管理决策，以往研究多集中在年际间落叶差异，而关于从新叶稳定到翌年集中落叶期的落叶格局、养分归还动态及其受气象条件的影响尚未见系统报道。本书以海南西部植胶区两种橡胶树龄为对象，以月份为时间单元，探讨落叶产量、养分含量及其归还量月动态变化格局，阐明影响海南橡胶落叶的主要气候因子，本书将为海南橡胶生产、养分调控及资源高效利用提供科学理论依据。

一、研究方法

（一）样地介绍

试验于 2019 年 5 月至 2020 年 4 月在位于海南省西部儋州市的中国热带农业科学院试验场橡胶林（19°20′5″N，109°17′39″E）中进行。试验区平均海拔 114m，属热带海岛季风气候，年均气温 21.5～28.5℃，太阳辐射 $4.857 \times 10^5 J/cm^2$，全年日照时数 2 100h，年降水量 1 607mm，其中，全年 70% 的降水量分布在 7—9 月，年平均相对湿度约为 83%。土壤类型为花岗岩发育的砖红壤。试验期间试验区域月降水量、最大风速、平均温度、最高温度、最低温度、相对湿度如图 2-2 所示。

（二）试验设计

选择距离相近的幼龄（2014 年定植）橡胶和成龄（2003 年定植）橡胶作为两个处理，橡胶树品种均为热研"7-33-97"，株行距均为 3.0m×7.0m，平均胸径分别为 48.4cm 和 67.1cm，平均树高分别为 11.7m 和 16.0m，叶面积指数分别为 5.45 和 4.32，占地面积分别为 3.3hm² 和 2.1hm²，其他管理措施相近。橡胶林样地土壤理化性质如表 2-7 所示。

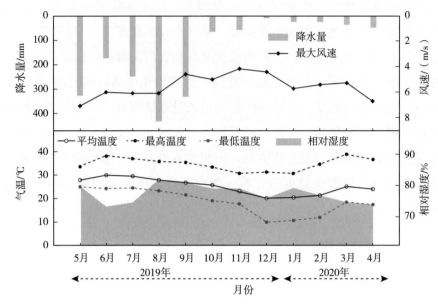

图 2-2　试验期间试验区域月降水量、最大风速、平均
温度、最高温度、最低温度、相对湿度

注：历史气象数据来源于中国气象数据网（http：//data.cma.cn）儋州站（59845）。

表 2-7　橡胶林样地土壤理化性质

树龄	pH	有机质/（g/kg）	全氮/（g/kg）	有效磷/（mg/kg）	速效钾/（mg/kg）
幼龄	4.42	12.36	0.65	13.67	45.39
成龄	4.94	14.18	0.71	11.43	49.80

（三）样地设置

2019 年 4 月底，在两种树龄的样地中分别随机设置 6 个凋落物收集器收集落叶，做 6 次重复，落叶收集器如图 2-3 所示。收集器由孔径 1mm 的尼龙网制成，长×宽×高为 1m×1m×1m，四角采用竹竿固定，并将竹竿插入土壤约 30cm。为了防止外界因素干扰，控制收集器离地高度 50cm。

（四）落叶收集与处理

2019 年 5 月至 2020 年 4 月开展落叶收集工作。每月中旬收集掉落在收集器里的落叶，将其装入信封并带回实验室，去除杂质后，置于 60℃烘箱烘至恒重，记录干重后，经粉碎机磨细、过 1mm 筛处理后，进行碳（C）、氮（N）、磷（P）、钾（K）、钙（Ca）和镁（Mg）等元素测定。用 $K_2Cr_2O_7$ 外加热滴定法测定 C 含量，用半微量凯氏定氮法测定全 N 含量，用

图 2-3 凋落物收集器

钼锑抗比色法测定 P 含量，用火焰光度计法测定 K 含量，用原子吸收分光光度计法测定 Ca 和 Mg 含量（鲍士旦，2002）。

（五）分析方法

将每块样地 6 个收集器中收集的落叶干重取平均值，作为该样地每月落叶产量，年落叶量为 12 个月落叶产量加和。落叶养分归还量（NR）用以下公式计算（Zhou et al.，2016）：

$$NR = \sum_{i=1}^{n=12} C_i \times M_i \qquad (2-1)$$

落叶养分利用效率（NUE）用以下公式计算：

$$NUE = AL/NR \qquad (2-2)$$

式中，C_i 为每月的落叶养分含量（%），M_i 为每月的落叶产量（t/hm²），AL 为年落叶产量（t/hm²）。

所有试验数据利用 SPSS19.0 统计分析软件进行独立样本 t 检验，用 Origin8.0 软件作图，R3.3.0 软件"vegan"程序包进行落叶产量和气候因子之间的关联分析。

二、结果

（一）橡胶落叶产量动态

由图 2-4 可知，幼龄和成龄橡胶林月落叶产量随时间推进均呈双

峰型特征，当年 7 月出现小峰，翌年 2 月出现高峰，翌年 2—4 月为集中落叶期，此期间幼龄和成龄橡胶林落叶产量分别占全年落叶产量的73.04％和70.61％。对两种树龄的月落叶产量分别进行 t 检验，结果显示，除了当年 7 月、9 月、11 月和翌年 3 月差异不显著外，其余月份成龄落叶产量均显著高于幼龄（$P<0.05$）。幼龄和成龄落叶年产量分别为4.45t/hm² 和 5.11t/hm²，成龄显著高于幼龄，增幅为 14.83％（$P<0.05$）。

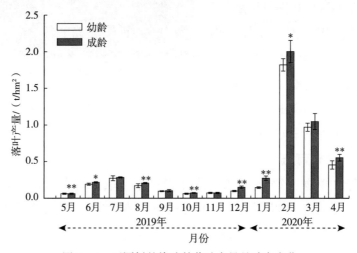

图 2-4　不同树龄橡胶林落叶产量月动态变化

注：＊和＊＊分别表示同一月份两种树龄在 0.05 水平和 0.01 水平上显著，下同。

（二）橡胶落叶养分含量动态

不同树龄橡胶林落叶养分含量月动态变化如图 2-5 所示，总体来看，幼龄和成龄落叶养分含量动态变化规律相似。C 含量呈"抛物线"形变化特征（图 2-5A），当年 10—11 月出现峰值，之后呈下降趋势；幼龄和成龄全年变幅分别为 41.0％～51.6％和 41.9％～52.7％，平均分别为 45.0％和 44.9％；N 含量呈 V 形动态变化，在翌年 2 月达到最低（图 2-5B），幼龄和成龄全年变幅分别为 1.56％～3.26％和1.57％～2.84％，平均分别为 2.07％和 2.11％；P 含量由当年 5 月至翌年 3 月呈波动变化，而翌年 4 月含量骤增，显著高于其他月份，幼龄和成龄全年变幅分别为 1.56％～3.26％和 1.57％～2.84％，全年 P 平

均含量分别为 0.17％和 0.16％（图 2－5C）；K 含量随时间推进呈总体
增加的趋势（图 2－5D），幼龄和成龄全年变幅分别为 0.39％～1.37％
和 0.46％～1.29％，全年 K 平均含量分别为 0.78％和 0.86％，成龄较
幼龄高 0.08 个百分点，增幅为 9.87％（$P<0.05$）；Ca 含量从当年 5
月至翌年 1 月呈先增加后降低的趋势，而翌年 2—4 月呈明显降低的趋
势，幼龄和成龄 Ca 含量变幅分别为 0.54％～1.20％和 0.62％～
1.24％，平均分别为 0.92％和 0.99％，成龄较幼龄高 0.07 个百分点，

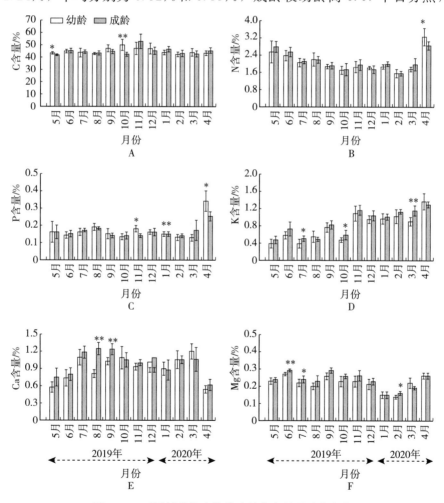

图 2－5　不同树龄橡胶林落叶养分含量月动态变化

A. C 含量　B. N 含量　C. P 含量　D. K 含量　E. Ca 含量　F. Mg 含量

增幅为 7.6％（$P<0.05$）（图 2-5E）；Mg 含量从当年 5 月至翌年 1 月呈降低趋势，但翌年 2—4 月呈增加趋势，幼龄和成龄全年变幅分别为 0.14％～0.27％ 和 0.15％～0.29％，平均分别为 0.22％ 和 0.23％（图 2-5F）。

（三）橡胶落叶 C、N、P 化学计量比动态

C、N、P 是植物生长所需的最基本营养元素，其生态化学计量特征能够反映植物器官的内稳性及相互关系，同时，计量比对反映生长速率的快慢、养分利用效率的高低、限制性元素的判断具有重要的意义（Fan et al.，2015）。不同树龄橡胶林落叶 C、N、P 化学计量比动态变化如图 2-6 所示。落叶 C/N 比呈"双峰"变化趋势（图 2-6A），当年的 10—11 月和翌年 2 月分别出现峰值，幼龄和成龄变幅分别为 13.5～29.5 和 15.2～27.9，平均分别为 22.92 和 22.19；C/P 比波动较大（图 2-6B），幼龄和成龄变幅分别为 132.0～380.7 和 167.3～335.2，平均分别为 288.47 和 286.70；N/P 比呈降低的趋势（图 2-6C），幼龄和成龄变幅分别为 9.7～17.4 和 11.1～17.9，平均分别为 12.66 和 13.17。总的来看，在翌年 2—4 月集中落叶期，C/N 比、C/P 比和 N/P 比均呈降低趋势。t 检验分析表明，幼龄和成龄年平均落叶 C、N、P 化学计量比差异不显著，但成龄落叶 C/N 比在翌年 4 月显著高于幼龄，C/P 比和 N/P 比均在当年 11 月和翌年 1 月、4 月显著高于幼龄。

（四）橡胶落叶养分归还动态

橡胶落叶养分归还量动态变化与落叶产量变化趋势相似（图 2-7）。幼龄和成龄 C、N、P、K、Ca、Mg 月养分归还变幅分别为 28.7～770.0kg/hm² 和 33.8～877.2kg/hm²、1.05～28.40kg/hm² 和 1.37～20.62kg/hm²、0.08～2.34kg/hm² 和 0.11～2.78kg/hm²、0.26～18.44kg/hm² 和 0.41～22.26kg/hm²、0.39～19.35kg/hm² 和 0.68～21.21kg/hm²、0.14～2.56kg/hm² 和 0.21～3.15kg/hm²，C、N、P、K、Ca、Mg 总养分归还量分别为 1 937.1kg/hm² 和 2 252.2kg/hm²、

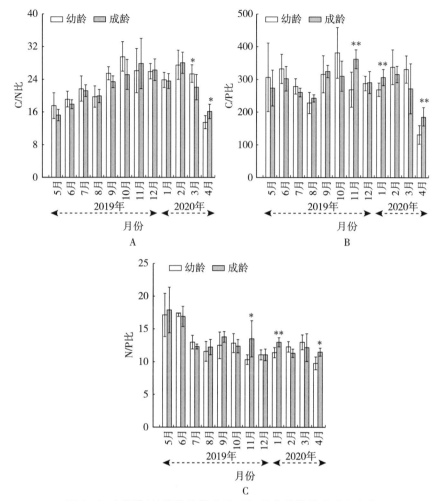

图 2-6　不同树龄橡胶林落叶 C、N、P 化学计量比动态变化

A. C/N 比　B. C/P 比　C. N/P 比

84.9kg/hm² 和 99.4kg/hm²、7.14kg/hm² 和 8.33kg/hm²、41.2kg/hm² 和 52.5kg/hm²、44.5kg/hm² 和 51.4kg/hm²、8.5kg/hm² 和 10.0kg/hm²，6 种元素归还量由大到小排序为：C＞N＞K、Ca＞Mg＞P。t 检验分析表明，成龄落叶全年各养分归还量均显著高于幼龄（P＜0.05），C、N、P、K、Ca、Mg 增幅分别为 16.3%、17.1%、16.7%、27.4%、15.3%、17.7%，其中，K 归还量增幅明显高于其他元素。

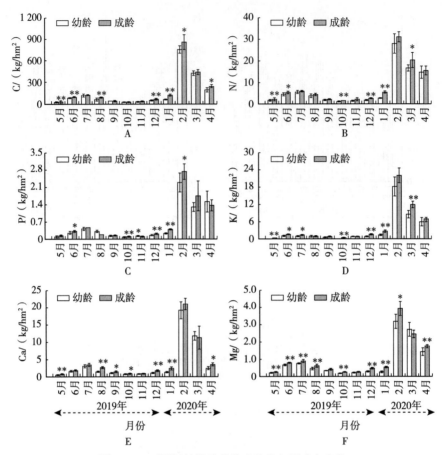

图 2-7 不同树龄橡胶林落叶养分归还动态变化

A. C 归还量　B. N 归还量　C. P 归还量　D. K 归还量　E. Ca 归还量　F. Mg 归还量

(五) 橡胶落叶养分利用效率

本书采用凋落物质量/养分元素含量表示落叶的养分利用效率 (NUE)，即测定凋落物或落叶的干重，然后再测出需要研究的养分元素的含量，两者相除即得到 NUE 的值。不同树龄橡胶林落叶养分利用效率如表 2-8 所示。由表 2-8 可知，幼龄各元素养分利用效率均不同程度高于成龄。t 检验分析显示，幼龄 K 养分利用效率显著高于成龄 ($P < 0.05$)，增幅为 11.3%，两种树龄间其他养分利用效率显著差异不显著。

表 2-8　不同树龄橡胶林落叶 6 种元素养分利用效率

树龄	C	N	P	K	Ca	Mg
幼龄	2.30±0.06[a]	52.50±2.18[a]	625.42±36.60[a]	108.62±4.00[a]	100.25±6.43[a]	522.67±28.06[a]
成龄	2.27±0.07[a]	51.43±1.40[a]	614.95±29.48[a]	97.63±5.23[b]	99.70±6.14[a]	509.52±23.14[a]

注：同一列不同小写字母表示不同树龄间存在显著差异（$P<0.05$）。

（六）橡胶林月落叶产量与气候因子之间的关系

橡胶林月落叶产量与气候因子的冗余分析如图 2-8 所示。实线箭头代表气候因子，虚线箭头代表不同树龄月落叶产量，空心圆点代表月份。箭头越长，表示某一气候因子对落叶产量的影响越大。箭头连线与排序轴夹角表示某一气候因子与排序轴相关性大小，夹角越小，相关性越高。冗余分析（RDA）显示，橡胶月落叶产量与最大风速和最高温

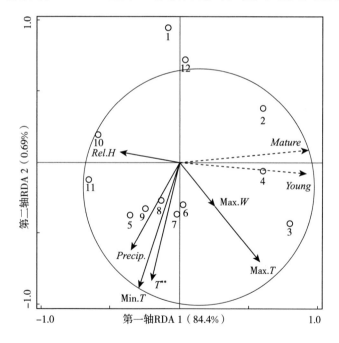

图 2-8　橡胶林月落叶产量与气候因子的冗余分析

（实线箭头为气候因子，虚线箭头为落叶产量）

注：*Rel. H* 为空气相对湿度；*Precip.* 为降水量；*T* 为月平均温度；Min. *T* 为月平均最低温度；Max. *T* 为月平均最高温度；Max. *W* 为月最大风速；*Young* 为幼龄林叶凋落物量；*Mature* 为成龄林叶凋落物量。＊＊表示在 0.01 水平上差异显著。

度均呈正相关关系，而与相对空气湿度、降水量、最低温度和月平均温度均呈负相关关系。方差分析显示，月落叶产量与月均温度呈极显著负相关关系（$F=20.5$，$P=0.002$），月均温度对月落叶产量的解释度为49.9%，贡献率为58.6%。

三、讨论

（一）落叶产量月动态及其气候驱动因子

凋落物是森林生态系统的重要组成部分，在一定程度上反映了森林生态系统的初级生产力（唐仕姗等，2014）。研究发现，成龄橡胶林落叶产量显著高于幼龄，年产量增幅为14.77%，凋落物产量主要与群落发育阶段的林分特征密切相关，幼龄橡胶林处于速生阶段，植株较小，树冠发育尚未完整，导致凋落物量相对较少，而成龄林植株高大，群落发育良好，冠型完整，枝叶茂盛，从而具有较高的凋落物量（Julien et al.，2018）。凋落物节律主要受森林组成树种的生物学特性、气候条件和地理因素等环境条件的影响，以往研究显示，亚热带和热带多数森林月凋落物量的季节动态模式是双峰型，峰值分别在春季植物生长期和秋末冬初植物生长结束期（杨智杰等，2010；Tang et al.，2010）。研究结果显示，从当年生长初期到翌年落叶末期，橡胶落叶产量呈双峰变化动态，第一次峰值为当年7月，正值雨季开始，林分刚刚郁闭，林冠下的树叶由于接收不到充足的阳光，导致在雨季出现叶片凋落峰值（张德强等，2000）。第二次最高峰出现在翌年3月，落叶集中期出现在翌年的2—4月，该时期落叶量占全年落叶量的70%以上，主要原因则与冬季低温、干旱有关，植被为降低养分和水分的消耗，导致大量生理性落叶，这可能也是橡胶树由原产地到我国热带北缘种植后，对环境长期适应的结果。本研究结果与Lin等（2018）在西双版纳地区的研究结果相似，其认为温度对落叶的影响大于干旱，在低温胁迫后，橡胶树会进入约50d的休眠期。研究通过对月落叶产量和气候因子关联分析发现，温度是影响海南落叶的主要气候因子，月均温度对落产量的解释度为 49.9％，贡献率为 58.6％。以上结果更进一步揭示了海南橡胶落叶格局及其主要气候因子，可为科学管理橡胶生产提供理论参考。

（二）落叶养分含量动态分析

研究发现，在经历了约 2 个月的低温（当年 12 月至翌年 1 月）以及秋冬季干旱的共同作用后，2—4 月出现橡胶集中落叶期，该阶段落叶 C 含量呈下降趋势，这与叶片衰老过程中光合能力减弱、光合产物糖类含量下降有关（李荣发等，2018）。8—9 月，落叶 P、K、Ca、Mg 出现较高值，此阶段高湿、强降雨、强风等极端天气多发，缩短了叶凋落前的养分再吸收时间，使得凋落叶养分含量升高。秋冬季伴随降温和干旱程度加剧，落叶中各营养元素均表现出一定的降低趋势。研究认为，叶片衰老过程中，为了适应气候等环境变化，植物需要一定的养分含量抵御低温，养分再吸收率提高，使得凋落叶养分含量减少（Li et al.，2016）。集中落叶期，橡胶树基本处于休眠阶段，树体对养分的需求量降低，老叶凋落前养分转移量亦随之降低，N、P、K、Mg 养分不能及时被重吸收，造成出现落叶养分含量增加的现象（Li et al.，2016），但此阶段落叶 Ca 含量表现为下降的趋势，研究发现，Ca^{2+} 在植物体内作为一种传导许多生理过程的胞内信号分子，具有重要的生理功能，Ca^{2+} 此阶段向树体中回流可以提高树体细胞膨压，以抵抗干旱胁迫（李东林等，1998）。

（三）落叶养分归还动态分析

凋落物养分归还量反映了人工林自我维持机制的潜力，是森林自肥的重要机制。研究发现，成龄和幼龄月落叶养分归还动态变化趋势与产量变化趋势相似，呈双峰型的动态变化特征，由此可见，相比落叶养分含量，落叶产量对养分归还量动态的贡献更大，这与袁锋等（2020）的研究结果相似。另外，海南橡胶成龄林落叶养分归还量均显著高于幼龄，增幅范围为 15.3％～27.4％，其中钾元素归还量的增幅明显大于其他元素，这与成龄林落叶钾含量显著高于幼龄林有关，由此可知，落叶养分归还量受落叶产量和落叶养分含量共同影响。橡胶全年落叶养分归还量由高到低表现为：C＞N＞K、Ca＞Mg＞P，幼龄橡胶林的养分利用效率普遍高于成龄林，其中，幼龄钾利用效率显著高于成龄（$P＜0.05$），说明幼龄橡胶林在归还给林地较少养分情况下，养分利用效率更高，更加注重自身的生长和养分循环。

四、结论

（1）海南橡胶林落叶产量呈双峰型动态特征，7月雨季出现小峰，翌年2月冬春季出现最高峰，翌年2—4月为大量集中落叶期；成龄林具有较高的生产力，全年落叶产量显著高于幼龄；月均温度是影响海南橡胶落叶的主要气候因子。

（2）落叶元素含量差异受叶凋落时间差异造成的重吸收差异的影响，海南橡胶在秋冬季落叶养分呈现逐渐回流现象，而集中落叶期N、P、K、Mg营养元素回流量逐渐减少，含量呈逐渐增加的趋势，Ca元素则相反。

（3）海南橡胶林月落叶归还量呈双峰型变化特征，全年落叶养分归还量由高到低表现为：C＞N＞K、Ca＞Mg＞P，成龄显著高于幼龄，其中钾增幅明显高于其他养分；幼龄较成龄落叶养分利用效率高，更注重自身的生长。

五、存在问题与展望

近年来，我国科研工作者在不同森林类型凋落物生物量方面已有了广泛的认识和深入的研究，但仍需关注以下几点：①从广度和深度上全面加强全球变暖对凋落物动态影响的研究；②关注可能的林带迁移引起的植物群落结构改变，进而改变生态系统及其中的凋落物动态；③全球变暖背景下的凋落物对植被的影响以及凋落物动态和凋落物特性对气候改变的影响等。

参 考 文 献

鲍士旦，2002. 土壤农化分析. 北京：中国农业出版社.

程伯容，许广山，丁桂芳，等，1992. 长白山北坡针叶林和阔叶林红松林的凋落物和
　　生物循环强度//森林生态系统编委会. 森林生态系统研究（第六卷）. 北京：中国林
　　业出版社，200 - 203.

樊后保，黄玉梓，2006. 陆地生态系统氮饱和对植物影响的生理生态机制. 植物生理与
　　分子生物学学报，32（4）：395 - 402.

付琦，邢亚娟，闫国永，等，2019. 北方森林凋落物动态对长期氮沉降的响应. 生态环
　　境学报，28（7）：1341 - 1350.

官丽莉，周国逸，张德强，等，2004. 鼎湖山南亚热带常绿阔叶林凋落物量 20 年动态
　　研究. 植物生态学报，28（4）：449 - 456.

何康，黄宗道，1987. 热带北缘橡胶树栽培. 广州：广东科技出版社.

贾丙瑞，周广胜，刘永志，等，2016. 中国天然林凋落物量的空间分布及其影响因子
　　分析. 中国科学：生命科学，46（11）：1304 - 1311.

贾开心，2006. 西双版纳三叶橡胶林生长随海拔高度变化研究. 西双版纳：中国科学院
　　西双版纳热带植物园.

贾梦可，郭屹立，李冬兴，等，2020. 桂西南喀斯特季节性雨林叶凋落量的时空动态.
　　生物多样性，28（4）：455 - 462.

金亮，卢昌义，2016. 秋茄中龄林和成熟林凋落物量及其动态特征. 厦门大学学报（自
　　然科学版），55（4）：611 - 616.

李东林，张玉琼，1998. Ca^{2+} 对植物叶片衰老的双向调节作用. 生物学杂志，15（5）：
　　8 - 10.

李荣发，刘鹏，杨清龙，等，2018. 玉米密植群体下部叶片衰老对植株碳氮分配与产
　　量形成的影响. 作物学报，44（7）：1032 - 1042.

廖军，王新根，2000. 森林凋落量研究概述. 江西林业科技，1：31 - 34.

林波，刘庆，吴彦，等，2004. 森林凋落物研究进展. 生态学杂志，23（1）：60 - 64.

刘少军，张京红，李伟光，等，2018. 中国橡胶树主产区产胶能力分布特征研究. 西北
　　林学院学报，33（3）：137 - 143.

刘颖，韩士杰，林鹿，2009. 长白山四种森林类型凋落物动态特征. 生态学杂志，28

(1)：7-11.

卢俊培，刘其汉，1989. 海南岛尖峰岭热带林凋落叶分解过程的研究. 林业科学研究，2 (1)：25-33.

陆恩富，朱习爱，曾欢欢，等，2021. 西双版纳典型林型凋落物及其水文特征. 生态学杂志，40 (7)：2104-2112.

吕国红，李荣平，温日红，等，2014. 森林凋落物组分的气象影响分析. 中国农学通报，30 (19)：1-6.

莫江明，孔国辉，Sandra B，等，2001. 鼎湖山马尾松林凋落物及其对人类干扰的响应研究. 植物生态学报，6：656-664.

宁晓波，项文化，王光军，等，2009. 湖南会同连作杉木林凋落物量20年动态特征. 生态学报，29 (9)：5122-5129.

彭少麟，刘强，2002. 森林凋落物动态及其对全球变暖的响应. 生态学报，22 (9)：1534-1544.

任泳红，曹敏，唐建维，等，1999. 西双版纳季节雨林与橡胶多层林凋落物动态的比较研究. 植物生态学报，5：418-425.

申广荣，项巧巧，陈冬梅，等，2017. 中国森林凋落量时空分布特征. 应用生态学报，28 (8)：2452-2460.

石佳竹，许涵，林明献，等，2019. 海南尖峰岭热带山地雨林凋落物产量及其动态. 植物科学学报，37 (5)：593-601.

宋彦君，田文斌，刘翔宇，等，2016. 浙江普陀山岛森林凋落物动态与微气候的关联性. 植物生态学报，40 (11)：1154-1163.

唐仕姗，杨万勤，殷睿，等，2014. 中国森林生态系统凋落叶分解速率的分布特征及其控制因子. 植物生态学报，38 (6)：529-539.

王伯荪，彭少麟，1997. 植被生态学. 北京：中国环境科学出版社.

王健健，王永吉，来利明，等，2013. 我国中东部不同气候带成熟林凋落物生产和分解及其与环境因子的关系. 生态学报，33 (15)：4818-4825.

王敏英，刘强，高静，2007. 海南岛中部丘陵地区受台风侵袭影响的4种植物群落凋落物动态. 海南师范学院学报（自然科学版），20 (2)：156-160.

文志，赵赫，刘磊，等，2019. 基于土地利用变化的热带植物群落功能性状与土壤质量的关系. 生态学报，39 (1)：371-380.

翁轰，李志安，屠梦照，等，1993. 鼎湖山森林凋落物量及营养元素含量研究. 植物生态学与地植物学学报，17（4）：299 - 304.

吴承祯，洪伟，姜志林，2000. 我国森林凋落物研究进展. 江西农业大学学报，22（3）：405 - 410.

吴毅，刘文耀，沈有信，等，2007. 滇石林地质公园喀斯特山地天然林和人工林凋落物与死地被物的动态特征. 山地学报，25（3）：317 - 325.

吴仲民，李意德，周光益，等，2008. "非正常凋落物"及其生态学意义. 林业科学，44（11）：28 - 31.

吴仲民，卢俊培，杜志鹄，1994. 海南岛尖峰岭热带山地雨林及其更新群落的凋落物量与贮量. 植物生态学报，18（4）：306 - 313.

武启骞，王传宽，张全智，2017. 6种温带森林凋落量年际及年内动态. 生态学报，37（3）：760 - 769.

薛欣欣，任常琦，徐正伟，等，2022. 海南橡胶林落叶特征研究. 热带作物学报，43（2）：377 - 384.

闫慧，吴茜，丁佳，等，2013. 不同降水及氮添加对浙江古田山4种树木幼苗光合生理生态特征与生物量的影响. 生态学报，33（14）：4226 - 4236.

杨玉盛，林鹏，郭剑芬，2003. 格氏栲天然林与人工林凋落物数量、养分归还及凋落叶分解. 生态学报，23（7）：1719 - 1730.

杨智杰，陈光水，谢锦升，等，2010. 杉木、木荷纯林及其混交林凋落物量和碳归还量. 应用生态学报，21（7）：1278 - 1289.

于香君，刑亚娟，2021. 不同生态系统凋落物对全球变暖的响应进展：综述. 世界生态学，10（4）：481 - 486.

袁方，黄力，魏玉洁，等，2018. 中国天然林凋落物量特征及其与气候因子的关系. 生态学杂志，37（10）：3038 - 3046.

袁锋，王艳艳，李茂瑾，等，2020. 不同海岸距离上木麻黄凋落叶金属元素含量及归还量动态特征. 植物生态学报，44（8）：819 - 827.

袁铭皎，2016. 极端天气对天童常绿阔叶林凋落物量影响的初步研究. 上海：华东师范大学.

张德强，叶万辉，余清发，等，2000. 鼎湖山演替系列中代表性森林凋落物研究. 生态学报，20（6）：938 - 944.

张晴晴，周刘丽，赵延涛，等，2016. 浙江天童常绿阔叶林演替系列植物叶片的凋落节律. 生态学杂志，35（2）：290 - 299.

张远东，刘彦春，顾峰雪，等，2019. 川西亚高山五种主要森林类型凋落物组成及动态. 生态学报，39（2）：502-508.

赵鹏武，舒洋，张波，等，2016. 兴安落叶松林凋落物量动态对模拟氮沉降的响应. 内蒙古农业大学学报（自然科学版），37（2）：34-39.

郑逢中，林鹏，卢昌义，等，1998. 福建九龙江口秋茄红树林凋落物年际动态及其能流量的研究. 生态学报，18（2）：3-8.

郑均宝，王德艺，郭泉水，等，1993. 燕山东段森林群落及灌木群落枯落物的研究. 林业科学研究，6（5）：473-479.

郑路，卢立华，2012. 我国森林地表凋落物现存量及养分特征. 西北林学院学报，27（1）：63-69.

Alward R D, 1999. Grassland vegetation changes and nocturnal global warming. Science, 283 (5399): 229-260.

Anderson J M, Swift M J, 1983. Decomposition in tropical forests. Tropical Rainforest: Ecology and Management, 4381 (5): 55-67.

Bray J R, Gorham E, 1964. Litter production in forests of the world. Advances in Ecological Research, 2: 101-157.

Clarke P J, Allaway W G, 1996. Litterfall in *Casuarina glauca* coastal wetland forests . Australian Journal of Botany, 44 (4): 373-380.

Cotrufo M F, Angelis P D, Polle A, 2010. Leaf litter production and decomposition in a poplar short-rotation coppice exposed to free air CO_2 enrichment (POPFACE). Global Change Biology, 11 (6): 971-982.

De Lucia E H, Hamilton J G, Naidu S L, et al. , 1999. Net primary production of a forest ecosystem with experimental CO_2 enrichment. Science, 284: 1177-1179.

Fan H B, Wu J P, Liu W F, et al. , 2015. Linkages of plant and soil C：N：P stoichiometry and their relationships to forest growth in subtropical plantations. Plant and Soil, 392 (1/2): 127-138.

Julien K N D, Guei A M, Edoukou E F, et al. , 2018. Can litter production and litter decomposition improve soil properties in the rubber plantations of different ages in Cte d'Ivoire? Nutrient Cycling in Agroecosystems, 111: 203-215.

Li Y W, Lan G Y, Xi Y J, 2016. Rubber trees demonstrate a clear retranslocation under seasonal drought and cold stresses. Frontier in Plant Science, 7: 01907.

Lin K C, Hamburg S P, Lin T C, et al., 2003. Typhoon effects on litterfall in a subtropical forest. Canadian Journal of Forest Research, 33 (11): 2184 - 2192.

Lin Y X, Zhang Y P, Wei Z, et al., 2018. Pattern and driving factor of intense defoliation of rubber plantations in SW China. Ecological Indicators, 94 (11): 104 - 116.

Lonsdale W, 1988. Predicting the amount of litterfall in forests of the world. Annals of Botany, 61: 319 - 324.

Matthews E, 1997. Global litter production, pools, and turnover times: Estimates from measurement data and regression models. Journal of Geophysical Research, 102: 18771 - 18800.

Meentemeyer V, Box E O, Thompson R, 1982. World patterns and amounts of terrestrial plant litter production. Bio-Science, 32: 125 - 128.

Nadal S D, Florian H, Gracia C A, et al., 2019. Global warming likely to enhance black locust (*Robinia pseudoacacia* L.) growth in a Mediterranean riparian forest . Forest Ecology and Management, 449: 117448.

Tang J W, Cao M, Zhang J H, et al., 2010. Litterfall production, decomposition and nutrient use efficiency varies with tropical forest types in Xishuangbanna, SW China: a 10 - year study. Plant and Soil, 335: 271 - 288.

Zhou J, Lang X F, Du B Y, et al., 2016. Litterfall and nutrient return in moist evergreen broad-leaved primary forest and mixed subtropical secondary deciduous broad-leaved forest in China. European Journal of Forest Research, 135 (1): 77 - 86.

第三章 森林凋落物分解及影响因素研究

凋落物分解过程是枯落物质量逐渐损失的过程，也是在外界作用力下枯落物自身组织分解向土壤中释放养分的过程。Chapin 等（2002）指出，在多数陆地生态系统中，植物所吸收的 90％以上的 N 和 P 元素以及 60％以上的矿质元素都来自地上植物分解所归还给土壤的养分再循环。Bani 等（2018）总结了森林生态系统凋落叶和枯枝分解对碳和养分流的相对贡献（图 3-1）。凋落物分解主要包括物理过程、化学过程、生物过程等，是受生物因素和非生物因素共同影响的复杂过程（Bani et al.，2018）。生物因素主要包括微生物、动物等组成及数量，其中，微生物在调控枯落物分解纤维素、木质素等关键过程中起到重要的作用，微生物与环境因子的互作还共同影响着枯落物分解过程（Grosso et al.，2016）。另外，凋落物自身的物理化学性质也影响凋落物分解速率，如凋落物所属的林分类型、凋落物类型、凋落物基质质量等。

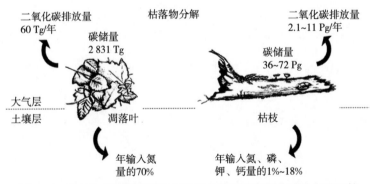

图 3-1 森林生态系统凋落叶和枯枝分解对碳和养分流的相对贡献

近年来，凋落物分解的研究一方面探讨分解过程中养分动态、分解与凋落物质量、生境、生物以及气候之间的关系，另一方面又将分解与一些环境热点问题结合起来。于是，关于凋落物分解的研究方法也根据研究目的、尺度范围和要求精度的不同而异。凋落物在分解过程中营养元素发生迁移，其主要模式有以下 3 种：①淋溶—富集—释放；②富集—释放；③直接释放。然而，不同凋落物类型的养分固定和释放模式都是存在差异的，并不是所有凋落物类型在分解过程中都存在以上 3 种模式。

第一节　森林凋落物分解的研究方法

凋落物分解的研究以叶凋落物为研究对象的报道占绝大多数，而以枝、花、果凋落物为研究对象的较少，以根凋落物为研究对象的更少。

一、分解袋法

分解袋法是科研活动中研究凋落物分解最为广泛运用的方法。该方法利用不可降解材料和柔软材料制成的具有不同大小孔径的网袋，装入一定质量的凋落物，如落叶、枯枝、果实等，将其置于土壤表面或埋置于地下距地表不同深度的土壤中，以后分阶段定期回收分解袋，迅速测定剩余枯落物量，计算干重损失率或残留率。该方法始于 19 世纪中叶（Crossley et al.，1962），主要用来评估原位分解和长期分解。研究认为，凋落袋的孔径大小影响凋落物的分解，可区分不同动物（大型动物、小型动物等）对凋落物分解的贡献（Bradford et al.，2002）。标准的试验设计中，孔径宜≤2mm。孔径如果过大，凋落物由于外力或生物的蚕食、粉碎，易导致凋落物碎片流失，造成实验结果不准确，而孔径过小的网袋造成的微环境可能导致较高的分解率（Paris et al.，2008）。根据森林类型，针叶林凋落物一般采用孔径为 0.5mm 的分解袋，阔叶林多采用孔径为 1.5mm 的分解袋，草本植物凋落物多选用孔径为 2mm 的分解袋，网袋长×宽一般为 20mm×20mm。另外，分解袋中的环境条件与周围有所不同，造成结果与真实情况有所差异，而且不利于不同样地研究之间的比较。

尽管如此，分解袋法仍是最广泛应用的方法，该方法的推广和使用能动态监视土壤动物和微生物的群落变化，大大促进了凋落物分解过程的定量化研究（包剑利等，2015；Chassain et al.，2021）。该方法具有最直接和最准确的特点，能最大限度模拟凋落物自然分解状态，但是网袋孔径大小会限制土壤动物和微生物的活动，使凋落物分解的速率减慢，而且耗时相对较长。谷永建等（2020）研究比较了网袋法和自然环境中凋落物分解速率的差异，结果表明，时间较长时，网袋微环境会抑制凋落物分解，使其分解速率低于自然样品。因此，利用网袋法研究凋落物的分解过程和分解速率，应适当考虑网袋的存在对分解的影响以使结果更加精准。

二、拴绳法

拴绳法利用尼龙线将叶凋落物叶柄拴住并固定在林地里，一定时间后取回，测量凋落物质量损失。这种方法克服了凋落袋法内外环境条件的不一致，但它本身的缺点就是在分解后期，凋落物碎裂脱落部分不能收回，难以准确测定未分解部分的质量。

三、实验室模拟分解法

实验室模拟分解法又称为微宇宙法，该方法根据研究目的任意设计分解试验方案，在实验室模拟凋落物的自然分解状态，从而测得相关数值。其优势在于实验条件可人为控制，干扰因素少，可以在短时间内得出实验结果，重复性好。其缺点是所得的数据为非自然状态下的结果，并不能真实地反映林区实际的分解状况，Taylor 等（1989）认为在室内模拟环境下的 4 个月时间相当于野外条件下的 1.5～2 年。因此，该方法只具有相对意义。目前，实验室模拟分解法主要被用来研究不同类型凋落物和土壤的混合对分解的影响等方面。刘瑞鹏等（2013）利用实验室模拟分解法，研究报道了模拟增温和不同凋落物基质质量对凋落物分解速率的影响，并利用碱式吸收法测量了凋落物分解累积释放 CO_2 动态。史学军等（2009）利用室内培养实验，研究了南京紫金山地区 4 种典型植被凋落物的分解差异，结果表明，从凋落物自身分解率分析，4 种凋落物在培养期间共释放了 $198.17 \sim 297.18mg$ 的无机碳，占加入凋落物中有机碳总量的 $20.29\% \sim 31.70\%$。由于林区植被类型较为复杂，自然干扰因素较多，实验室模拟培养与实际差别较大，因而，此方法在研究林区凋落物分解时应用得较少。

四、凋落物产量/凋落物现存量估算法

凋落物产量/凋落物现存量估算法是通过调查林地未分解的凋落物现存量和放置收集器获得的年凋落物量，用年凋落物产量除以凋落物现存量所得的比值，估算凋落物年分解速率。早在 1949 年，Jenney 等（1949）用凋落物产量与林地地面凋落物的现存量的关系来比较凋落物的分解速率和周转时间。用凋落物收集器收集一定时间段内的凋落物量，计算凋落物年产量，与测得的地面凋落物积累量比较，可计算出凋落物周转速率。Adderson 等（1983）应用该方法得到热带低地湿润雨林的周转系数为 $0.6 \sim 3.3$，绝大多数大于 1.0；热带山地雨林周转系数为 $0.6 \sim 1.4$；温带落叶林周转系数为 $0.4 \sim 1.1$，绝大部分大于 1.0。尽管如此，由于年凋落物是当年的瞬时值，而凋落物现存量为多年的积累量，因此，该方法计算出来的分解速率与实际值往往存在一定的差距，仅具有相对的意义。虽然凋落物产量/凋落物现存量估算法十分简捷，但是此法只在进入稳定发展和动态平衡阶段的生态系统才可以获得较好的精度。

五、综合平衡法

为了最大限度真实反映整个生长历史时期内凋落物分解速率的平均

水平，刘增文（2002）提出利用凋落物积累平衡模型推算分解率的综合平衡法。这种方法的原理是认为现存的凋落物积累量是整个生长历史时期内每年凋落物量分解后的残留量累积的结果，于是，可以根据凋落物分解模型建立凋落物积累量与历年凋落物残留量之间的物量平衡方程，其中的每年凋落物量可以根据树木胸径生长模型和叶生物量预测模型推算得出。基于此，根据林地现存的凋落物积累量实测值和生长历史时期内每年的凋落物量估算值，可以采用试算法，通过计算机计算得出反映整个生长历史时期内凋落物分解的平均速率。综合平衡法能反映整个生长历史时期的凋落物分解速率平均水平，但是，其准确性取决于对历年凋落物量预测的精度；其缺点是事先要建立树木胸径生长模型和叶生物量预测模型。

第二节 森林凋落物分解速率研究

凋落物分解速率是影响陆地生态系统，特别是森林生态系统生产力和生物量的决定因素。主流研究方法是观测分解袋中给定样品量的凋落物质量损失率，然后根据单指数模型来推算分解速率。

1963 年，Olson（1963）首次使用单指数模型描述了凋落物分解过程：$M_t = M_0 e^{-kt}$，M_0 为初始质量，M_t 为某一时间 t 的质量，k 为分解速率常数，k 值越大，表明凋落物的分解速率越快。该方程又被称为一级动力学方程，其条件假定是：在任意时刻凋落物都以相同的速率分解，且所有的物质都能被分解，该模型可以通过计算"半分解周期""平均滞留时间"来表征分解周期。目前国内外大部分学者普遍使用 Olson 模型对森林凋落物分解过程进行拟合。Mindennan（1968）指出，凋落物分解过程中，一些易分解的物质首先消失，留下较难分解的部分，因而分解速率不是一个常数，而是逐渐减小的变量，在分解晚期，凋落物的残体里富集难分解的物质，某些情况下分解几乎停滞。

Howard（1974）建立了非线性模型 $M_t = A + Br^t$，其中 M_t 是剩余

凋落物质量的百分比，t 是天数，A 和 B 是变量参数，r 是分解速率。A 和 B 的总和为 100%。在分解过程受到木质素缓慢分解的抑制，或高浓度的可溶性物质在加速分解的情况下，单指数模型就不能很好地描述分解过程，于是在单指数模型的基础上产生了双指数模型。双指数模型假设凋落物由具有不同分解速率的 2 种不同质量的基质组成，模型为：$M_t = Ae^{-k_1 t} + Be^{-k_2 t}$，模型中 t 是时间，k_1 和 k_2 分别是凋落物快速和慢速分解组分的速率常数，A 和 B 分别表示各个组分的量（Lousier et al.，1976）。凋落物的分解很难得出一个确定的分解速率指标，而通常所谓的凋落物分解率只是某一具体时空条件下的凋落物分解状况的反映。

Xie（2020）研究表明，分解速率应该是样品量的 $-1/3$ 次方函数，这也得到了样品量与分解速率回归分析结果的支持：与样品量的一次函数相比，样品量的 $-1/3$ 次方函数几近完美地解释了分解速率。该结果得到的回归方程也为各个实验测定的凋落物分解速率提供了有效的校正方法，从而为进一步建立生物地球化学循环模型提供了参考。

Olson（1963）也曾经提出采用凋落物年产量与处于稳定状态下的矿质土壤上部累积的凋落物数量的比值作为判断分解速率的参数（k），该方法的优点是 k 可以通过测定林褥层（指林下地表形成的粗松的残落物层）凋落物量和每年降落的凋落物量得出；其缺点在于误差较大，没有考虑和计入年降落的凋落物量不同。

我们通过查阅近年来的相关研究，列出了我国几个主要气候带的森林凋落物分解速率，各气候带中凋落叶的分解速率由大到小的顺序大致表现为：热带＞亚热带＞温带＞寒温带（表 3-1）。

表 3-1　不同气候带森林类型的凋落物年均分解速率

气候带	森林类型	树种及其凋落叶分解速率	参考文献
热带	常绿阔叶林	黄樟（*Cinnamomum porrectum*）80% 绿楠（*Manglietia hainanensis*）74% 闽粤栲（*Castanopsis fissa*）69% 青皮（*Vatica hainanensis*）56%	王志香等（2007）

（续）

气候带	森林类型	树种及其凋落叶分解速率	参考文献
南亚热带	常绿阔叶林	格木（*Erythrophleum fordii*）62.5% 红椎（*Castanopsis hystrix*）58.5%	王卫霞等（2016）
	季风常绿阔叶林	锥栗（*Castanopsis chinensis*）83.0% 木荷（*Schima superba*）80.1%	梁国华等（2014）
亚热带	亚热带常绿阔叶林	红椿（*Toona ciliata*）82.1% 柳杉（*Cryptomeria fortunei*）58.6% 杉木（*Cunninghamia lanceolata*）51.1% 麻栎（*Quercusacutissima*）50.4% 马尾松（*Pinus massoniana*）31.2% 香樟（*Cinnamomum camphora*）27.8%	马志良等（2015）
暖温带	阔叶林	五角枫（*Acer mono*）35.1% 糠椴（*T. mandshurica*）25.4% 蒙椴（*Tilia mongolica*）25.3% 辽东栎（*Quercus liaotungensis*）20.9%	王瑾等（2001）
温带	阔叶林 针叶林	水曲柳（*F. mandshurica*）54% 樟子松（*P. sylvestris*）47% 落叶松（*L. gmelinii*）35% 山杨（*P. davidiana*）35% 蒙古栎（*Q. mongolica*）31% 红松（*P. koraiensis*）30%	张东来等（2008）
寒温带	阔叶林 针叶林	白桦（*Betula platyphylla*）46.4% 紫椴（*Tilia amurensis*）49.6% 红松（*Pinus koraiensis*）35.7% 鱼鳞云杉（*Picea jezoensis*）33.4% 臭冷杉（*Abies nephrolepis*）32.8% 岳桦（*Betula ermanii*）31.9%	郭忠玲等（2006）

第三节　森林凋落物分解过程研究

凋落物分解过程是生态系统物质循环和能量流动的重要途径，是维持生态系统功能的主要过程之一，在维持森林生态系统生产力、土壤有机质的形成、养分供应、群落演替以及系统本身得以自我发展等方面具有不可替代的作用和地位。凋落物分解过程联结生物有机体的合成（光合作用）和分解（有机物分解、营养元素释放），通过改变营养物质循环输入的数量、质量及速率，影响土壤生物结构、动态及其相互作用，通过上行控制效应（bottom-up）决定地下系统的生态学过程，调控植物群落演替变化。

一、凋落物分解的三个过程

（1）淋溶过程。该过程中凋落物的可溶性物质在外力的作用下遭受淋洗，这种淋溶作用是处于湿润环境的新近凋落物质量损失和养分损失的一个重要生态过程；豆鹏鹏等（2018）对 15 个亚热带森林常见树种的凋落物进行 6h 的模拟淋溶实验，结果发现，磷的平均溶出量为 12.99％，显著高于碳（2.53％）和氮（2.97％），可见，淋溶是磷元素释放的重要途径。迟国梁等（2010）通过对广州地区 8 种常见树种的叶凋落物在静水和流水环境中淋溶量的变化进行研究，结果发现，强淋溶阶段出现在第 1 天内，叶凋落物干物质损失率最大，不同树种在淋溶量的大小上存在差异，其中以质地柔软、革质化程度低的人面子树叶干重淋溶率最大；质地坚硬、革质化程度高的竹柏树叶淋溶率最小。第 2 天和第 3 天，8 种树的叶凋落物干重损失无显著差异，表明淋溶阶段趋于结束。由此可知，亚热带地区的树木凋落物在静水环境和流水环境中的淋溶阶段均主要出现在开始的第 1 天。

（2）自然粉碎过程。自然粉碎过程如土壤的干湿交替、冻融交替及动物的粉碎等，其中主要是食腐动物的破碎作用。凋落物经过破碎后，其表面积增加，为微生物生长繁殖提供了养分和能量。干旱/半干旱地区，土壤干湿交替现象非常明显，黎锦涛等（2017）对科尔沁沙地小叶杨和樟子松叶凋落物分解速率及养分释放进行了研究，发现干湿交替对叶凋落物分解及养分释放具有短期延时效应。马志良等（2015）研究了季节性干湿交替对亚热带 6 种常绿阔叶林树种落叶分解的影响，结果表明，雨季对 6 种凋落叶质量损失的贡献率（69.73％～89.68％）均显著大于旱季（10.32％～30.27％），6 种凋落叶在不同时期中质量损失速率差异显著（$P<0.05$），而且 6 种凋落叶在雨季的质量损失速率明显高于旱季。由此可见，亚热带地区森林凋落物分解的质量损失主要发生在雨季，雨季温湿度的改变可显著影响凋落物分解过程。

（3）生物降解过程。该过程中复杂的有机化合物变为简单的盐类分子和植物易吸收的物质，即在真菌、细菌和放线菌等分解者及酶系统辅助作用下，凋落物发生生物降解。有研究认为，群落中凋落物组成与凋落物的功能群多样性相比，前者是影响凋落物分解的决定性因素（王小平等，2019）。

以上三个过程在凋落物分解中几乎是同时发生、同时进行的。

二、凋落物分解过程研究进展

潘冬荣等（2013）对神农架不同海拔 3 种典型森林凋落叶的分解动态进行了研究，发现凋落物分解过程分为两个阶段，前期（第一年）凋落物的质量损失率为后期（第二年）的 2.62～4.08 倍，分解速率是后期的 1.72～2.69 倍，凋落物分解 95% 所需的时间为 3.84～4.54 年。分解后期凋落物的分解速率主要受半纤维素、纤维素、木质素等含量的显著影响。

Preston 等（2009）认为凋落物分解可分为两个阶段：第一阶段为淋溶、微生物活动和土壤动物的侵蚀，凋落物会迅速流失易溶化合物（包括淀粉、氨基酸和糖）。第二阶段，木质素和纤维素成为凋落物中的主要化合物，并被特定的微生物类群降解。与第一阶段相比，第二阶段的特点是分解速率较低。与落叶相比，枯枝在分解过程中经历了不同的变化，反映在其不同的化学成分、结构和生物功能上。特别的，这些变化与密度的降低、持水量的增加以及营养物质和木质素化合物的积累有关。

Fukasawa 等（2009）根据枯枝基质的化学性质，认为枯枝的分解也可以分为两个主要阶段：第一阶段主要是酸不溶残渣的损失，其中，包含木质素化合物和纤维素的还原。第二阶段为晚期腐烂阶段，纤维素被选择性地分解，同时，酸不溶性残渣在剩余的木屑中积累。

　　基于影响凋落物分解的因子，Berg（2014）将凋落物分解过程分为三个阶段。第一阶段是具有较高浓度的营养元素（氮、磷、硫等）激发可溶性物质和纤维素的分解，该阶段凋落物损失率为 20%～40%。第二阶段为木质化的纤维素和木质素的分解，较高的氮浓度抑制了剩余凋落物的分解，而锰似乎对木质素的降解以及整个剩余凋落物的降解有促进作用。第三阶段为近腐殖化阶段，凋落物分解率接近零，累积质量损失达到其极限值。各因子对凋落物分解影响的模式见图 3-2。

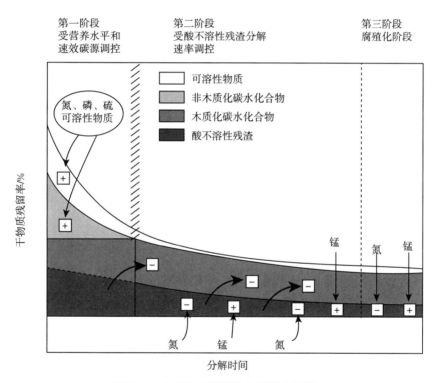

图 3-2　各因子对凋落物分解影响的模式

第四节　森林凋落物分解的影响因素

　　凋落物分解受凋落物的内在因素和外在因素共同制约。内在因素指凋落物自身特性，包括物理性质和化学性质；凋落物属性决定着土壤微生物种类和数量，进而影响凋落物分解。外在因素主要指凋落物分解过程中的外部环境因子，包括生物因素和非生物因素两类。生物因素指参与分解的异氧微生物和土壤动物群落的种类、数量、酶活性等，非生物因素指气候、土壤、大气成分等环境条件。调控凋落物分解的关键因素有环境因子、凋落物质量和生物因子，且各因子之间存在复杂的相互关系。从宏观尺度上来看，影响凋落物分解的主要因素为气候、凋落物质量和土壤属性等。影响凋落物分解的因子及其相互关系见图 3-3。

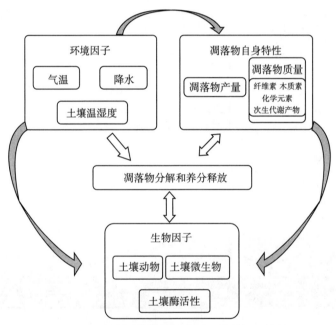

图 3-3　影响凋落物分解的因子及其相互关系

一、凋落物特性对凋落物分解的影响

(一) 凋落物的物理性质与凋落物分解

凋落物的物理性质通常指凋落物表面性质、硬度和颗粒大小。凋落叶的某些功能性状指标与凋落叶分解速率之间存在一定的联系，例如科尔沁草原 20 种植物成熟叶片干物质含量与凋落叶分解过程中 CO_2 释放量和释放速率之间存在显著的相关关系（李玉霖等，2008）；比叶面积（SLA）与叶的粗糙度呈反比，粗糙度高则分解速率慢，因此，SLA 与凋落叶分解存在必然联系（Moretto et al.，2001）；另外，藤本植物因为短寿命和高效率的光合作用，往往具有较高的分解速率（Cornelissen，1996）。

Santiago（2007）对凋落叶分解速率与比叶面积、叶氮含量、叶磷含量、净光合速率等叶经济谱性状（每种性状都对植物具有重要和特殊的作用，但不是任何一种均能作为叶经济谱研究的核心性状）的关系进行分析，发现两两之间存在不同程度的相关性；对热带雨林多种植物的落叶分解特性进行了研究，发现热带雨林中从容易分解到难以分解的落叶，总体上具有比叶面积逐渐减小、光合营养元素含量减少、光合速率下降的趋势，并提出落叶分解速率也许能作为叶经济谱的核心性状指标。

（二）凋落物化学性质与凋落物分解

凋落物化学性质主要体现在自身的 C、N、P 等易分解的成分以及木质素、纤维素、半纤维素、多酚类物质、Mn 元素等难分解物质。C、N、木质素、纤维素、C/N 比、木质素/N 比等能反映凋落物的基质质量特征，其中，凋落物基质质量的 C/N 比是衡量森林凋落物质量的重要指标，最能反映凋落物分解过程。C/N 比在凋落物中可代替糖类和蛋白质直接的相互关系，是凋落物本质的化学特征。其基本原理是：凋落物分解主要是微生物过程，微生物自身的 C/N 比或 C/P 比通常低于它们分解的凋落物，因此，微生物在分解过程中对 N、P 等养分有很高的需求，当凋落物这些养分含量较高时，微生物群落生长加快，分解也就加快（李志安等，2004）。

Kaspari 等（2008）对巴拿马热带森林进行研究，发现 P 添加提高凋落叶分解速率 30%，而微量元素（如 B、Ca、Cu、Fe、Mg、Mn、Mo、S、Zn）添加则提高凋落叶分解速率达 81%，表明，除 P 之外，这些微量元素参与并促进凋落物的分解。Mn 是合成木质素降解酶的一个关键组分，凋落物分解后期木质素降解酶与 M 浓度密切相关（Trum et al.，2015；Whalen et al.，2018）。

田晓堃（2020）对 4 种森林生态系统凋落物进行研究，发现初始凋落物的 C/N 比和木质素/N 比大小顺序依次为：针叶林＞混交林＞常绿阔叶林＞竹林；凋落物质量损失与 C、N、P、Fe、Al 释放量呈显著正相关，与纤维素、木质素、C/N 比（除混交林外）呈显著负相关。

Berg 等（2003）研究发现，在新鲜凋落物中，由于缺乏大量营养元素从而限制了其分解速率；研究发现，凋落物质量残留率（0～75%）与初始凋落物中的 N、Mn、Ca 含量呈线性相关，而这三种营养物质与木质素降解和木质素降解微生物群落具有因果关系。分解前期（质量损失 30%）凋落物分解速率主要受 N、P 等养分含量控制。凋落物分解在 44～77 个月时将进入第二阶段，此阶段分解速率主要由木质素含量制约。凋落物中的 N、P、K 初始浓度高会加快初期分解速率，而后期分解变慢，主要由于分解过程中木质素占比增加，木质素会与 N 形成难分解的复合物，进而影响真菌的分解活性。

宋新章等（2009）对我国东部气候带凋落物分解特征进行了研究，认为凋落叶的初始 N 含量是决定分解速率的首要基质因子，其次为 P 含量、木质素/N 比和 C/N 比。此外，单宁也与凋落物分解密切相关。

官昭瑛等（2009）研究发现，富含单宁成分的蒲桃叶片分解速率缓慢，可能与凋落物中高浓度缩合单宁抑制了底栖动物有关，尤其是抑制了撕食者的定殖所致。

二、外界因素对凋落物分解的影响

（一）气候因素与凋落物分解

气候因素对凋落物分解起着重要作用，其中气候变化驱动因子主要包括增温、降水变化、雪被变化、冻融循环等。一方面，气候通过影响土壤肥力进而影响输入到土壤中的凋落物质量；另一方面，土壤微生物是凋落物分解和转化的主要驱动因素，微生物以消化凋落物中的养分来维持其生命活动，而降水量和温度等条件的变化会影响土壤微生物活性及群落结构，从而对凋落物分解产生重要影响。在全球大区域尺度上，凋落物的分解速率与气候变化有较好的相关性。低纬度的雨林和阔叶森林，由于温度较高、降水量较大，残体分解速率相对较高。高纬度针叶林，由于土壤酸化程度较阔叶林和草地严重，也不同程度地限制了微生物活性和残体分解。温度和水分的结合是最重要的气候指标，控制着凋落物分解率，如果土壤湿度足够大，凋落物质量在温暖环境下损失量将会增加。另外，根据酶动力学的基本原理，凋落物分解的温度敏感性与凋落物 C 质量呈负相关关系，即低质量凋落物分解需要更高的激活能，从而对温度依赖性更强。

Xu 等（2012）在青藏高原东部加热试验发现，增温明显促进高质量凋落物分解，而对低质量凋落物没有影响。Liu 等（2017）对亚热带森林生态系统通过降低海拔模拟升温研究表明，高质量凋落物对增温的响应比低质量凋落物更强烈。

在森林生态系统中，由于森林管理和土地利用变化而进行的采伐，以及自然灾害形成的林窗，不仅影响凋落物量，更重要的是改变了凋落物在太阳光下的暴露程度，从而极大地加速了碳循环。中国科学院沈阳应用生态研究所系统分析了太阳辐射对温带森林凋落物分解的影响，结果表明，在林窗全光谱的强太阳光下，凋落物损失率增加了近 120%，其中，蓝光贡献了损失率的 75%，说明光降解主要由蓝光驱动。研究结果拓宽了人们对光降解理解的范畴，即光降解不仅推动着干旱生态系统碳动力学，在太阳辐射到达的其他陆地生态系统光降解也无处不在（Wang et al.，2021）。

（二）全球变暖与凋落物分解

全球人口剧增和资源高速消耗导致温室气体如 CO_2 和 CH_4 等排放增加，相关研究预测，CO_2 浓度倍增后，地球表面的温度将增加 1.5～4.5℃。全球变暖会造成热带雨林的更新，热带雨林向亚热带地区拓展，北方针叶林会进一步向寒温带延伸。

全球变暖可直接或间接地对凋落物质量、非生物因素（气候、土壤、大气成分等环境因素）、生物因素（土壤微生物、土壤动物等因素）产生影响，进而影响凋落物分解。一方面，通过影响森林生态系统小气候，直接影响凋落物分解过程；另一方面，通过影响全球植被分布、森林群落结构和物候变化，间接影响凋落物分解过程（彭少麟等，2002）。

凋落物质量方面，气候变暖通过两种途径影响凋落物质量：一种途径是直接引起生态系统群落内物种凋落物质量的短期变化，例如凋落物的养分浓度等；另一种途径则是通过改变群落的物种组成而导致凋落物性质的长期变化。不同种类凋落物混合后往往能加快凋落物的分解，因此，植物群落物种组成的变化也将改变凋落物的分解速率。

非生物因素方面，全球变暖将改变森林生态系统的水热条件，气温上升首先使土壤氮的矿化作用加强，土壤营养的有效性增加，进而促进凋落物分解。另外，温度升高可加速各种物理、化学过程，促进凋落物分解，但由于温度升高会导致地面的蒸散作用增加，导致土壤含水率降低，引起植物的生理缺水，而干燥条件下又不利于凋落物的分解。

生物因素方面，温度升高增强了土壤微生物和动物的活性，加快了有机质、凋落物分解和相关物质循环。同样，温度升高后的地表变得干燥，有利于细菌的活动，但对真菌类的活动产生抑制。

我国关于凋落物分解、养分释放、养分归还等对全球变暖的响应进行了大量的研究（刘瑞鹏等，2013；陈晓丽，2014；崔嘉楠等，2015；陈玥希等，2017）。

在凋落物分解方面，刘强等（2005）对6种凋落物在热带尖峰岭和南亚热带鼎湖山的分解研究发现，2个地区凋落物的分解速率存在显著差异，热带地区的分解系数为1.168～1.935，而亚热带地区的分解系数则为0.548～0.876，热带地区凋落物的分解速率显著快于亚热带。

由此可见，随着全球变暖，凋落物的分解速率也随之加快。大量研究表明，凋落物的分解速率呈现出明显的地带性特征，由高到低表现为：热带＞亚热带＞温带＞寒温带（汪思龙等，2010）。

在养分释放方面，刘强等（2005）研究发现，在热带尖峰岭地区，C 的释放率在前 3 个月急速下降，随后趋于平稳，在第 12 个月时 C 的释放率达到 77.09%～90.46%，木质素的降解速率随分解时间的延长而上升，第 12 个月时的释放率为 38.75%～44.74%；在亚热带鼎湖山地区，C 的释放率下降较为平稳，在第 12 个月时 C 的释放率仅为 49.02%～75.98%，木质素则为 27.79%～45.79%，明显慢于热带地区。由此可见，全球变暖加速了凋落物的养分释放过程。

在养分归还方面，全球变暖可使凋落物年归还的 C 增加 741.1kg/hm²，多归还的这部分 C，其中一部分将以 CO_2 形式释放到大气中，增加了大气温室气体的浓度，形成气候变暖的正反馈（汪思龙等，2010）。

（三）氮沉降与凋落物分解

大气沉降的氮化物有干、湿两种，湿沉降的 N 主要是 $NH_4^+ - N$ 和 $NO_3^- - N$，以及少量的可溶性有机氮，干沉降的 N 主要是气态 NO、N_2O、NH_3 以及 $(NH_4)_2SO_4$ 和 NH_4NO_3 粒子，还有吸附在其他粒子上的氮。大气氮沉降一方面会引起森林群落组成与结构变化，改变凋落物的外部环境以及森林凋落物的化学组成，进而间接影响森林凋落物的分解；另一方面增加了凋落物分解过程中外源氮的量，影响凋落物分解的化学过程，进而改变了凋落物分解的速率。氮沉降对凋落物分解的影响见图 3-4。

凋落物质量是氮添加对凋落物分解影响出现差异的主要原因。有两种完全相反的假说解释氮添加影响凋落物分解的过程中凋落物质量所起的作用。一种假说认为，氮添加影响凋落物分解主要是通过改变凋落物化学计量比，即氮添加使凋落物 C/N 比降低，达到微生物与凋落物之间的化学计量平衡，促进凋落物分解，这种假说适用于氮限制的生态系

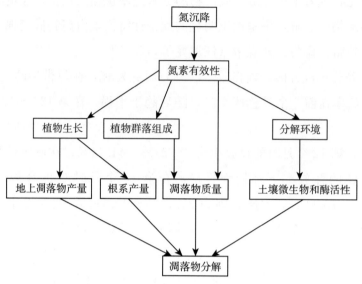

图 3-4　氮沉降对凋落物分解的影响

统，用来解释氮添加促进质量差的凋落物分解。另一种假说的依据是能量分配原理，即微生物通过分解易分解碳源获得能量，进而分解木质素等难分解有机物，以此获得氮源。一旦外界氮已经满足了微生物的需要，微生物用来分解难分解物质的投入就会降低。因此，氮添加会减缓凋落物分解。第二种假说适用于氮饱和的生态系统，用来解释氮添加抑制质量好的凋落物分解。

1. 氮沉降直接效应　氮沉降影响了森林凋落物中的营养元素和次生物质含量，并且影响着凋落物分解的化学过程，因此影响着凋落物的分解（方华等，2006）。氮沉降增加对凋落物分解的影响往往决定于基质中木质素的含量。氮沉降对森林凋落物分解的影响有着促进、延缓、无作用等多种不同的表现。有研究者认为，主要原因是凋落物的分解有不同的阶段。阶段不同，调节凋落物分解速率的主导因子不同。凋落物的分解目前主要分为初期和后期两个阶段。

2. 氮沉降间接效应　大气氮沉降进入森林地表，增加土壤中的 N，进而促进了森林植被对 N 的吸收。例如，增加 N 输入量的情况下，白桦林、山杨林叶片的 N 含量显著增加，同时，P 含量也相应增加，植物为保持体内元素平衡，会吸收较多的其他营养元素。另外，氮沉降量与凋落物中的 S、Ca 和 K 含量密切相关，说明氮沉降可能会引起其他化学元素含量的变化。氮沉降量还会造成凋落物中次生物质含量发生变化，Berg 等（1997）研究发现，木质素含量升高与土壤缺 Be 有关，高氮条件使树木生长速度增加，以致土壤中某些元素耗竭，而缺 Be 导致叶片中的酚类物质积累，进而增加木质素的合成。

Hobbie（2000）认为，外加氮对凋落物分解无影响可能有以下 3 个方面的原因：①凋落物或其所处环境本身不缺 N；②N 对易分解部分的加速作用被其对木质素降解的抑制作用所抵消；③凋落物 C 源质量太差，以至于分解者不能对外加 N 作用产生反应。

（四）凋落物多样性与凋落物分解

森林生态系统是一个复合型的系统，通常具有较高的植物物种多样性，与之相应，地表凋落物通常也是由不同植物的凋落物混合组成。多样化的凋落物组成可以给分解微生物提供多样化的分解底物，从而导致土壤微生物的群落组成、结构以及生理功能发生相应的改变，进而影响到凋落物的分解过程以及养分释放和周转。因此，具有多样性的凋落物的分解过程可能与单一凋落物的分解过程具有根本性的不同。通常，在凋落物的混合分解过程中，分解者优先利用养分质量较高的凋落物，并通过降雨淋溶或真菌菌丝的连接，将 N、P 等养分元素转移到养分质量较低的凋落物中，促进微生物对低质量凋落物的利用，加速凋落物整体的分解，并最终促进养分释放。凋落物养分元素含量差异越大，这种相互影响表现得越明显。

目前，对凋落物多样性与凋落物分解和养分释放过程之间关系的研究结果大致分为两大类，即物种丰富度对凋落物分解的影响为加和效应和非加和效应。①加和效应，即不同凋落物的混合分解过程等同于各种凋落物单独分解时的简单加权平均，凋落物混合分解并不体现出特殊的混合效应；②非加和效应，包括协同作用和拮抗作用，即凋落物混合分解时，其分解效率高于或低于各种凋落物单独分解时的加权平均值，表现出互相促进或互相抑制的效果。

Wardle 等（1997）对 32 个物种凋落叶的 70 个不同组合分解实验表明，其中 45 个表现为正效应，13 个表现为负效应，12 个表现为加和效应。除分解速率，凋落物混合后还可能影响化学元素的释放（Gartner 等，2004）。相同的物种丰富度在不同的分解阶段表现出来的混合效应也会存在差异。

Hansen 等（1998）对 3 种落叶树凋落物按比例混合，在分解的前 9 个月混合凋落物的分解速率实际值比计算值高 7%，表现为正效应；再经过 10 个月的分解，分解速率的实际值比计算值低 9%，表现为负效应。

（五）土壤养分有效性与凋落物分解

1. 土壤氮有效性与凋落物分解　N、P 是陆地生态系统植物生长最重要的两种限制性养分。过去的研究表明在全球和区域的尺度上，气候是调控凋落物分解的首要因素，但在局域尺度上，表征凋落物质量的养分含量指标以及分解环境中的养分有效性则起至关重要的作用。在热带山地生态系统的土壤年龄序列中，凋落物在养分有效性高的土壤中分解最快，而在养分有效性低的土壤中分解最慢。土壤养分有效性对分解的限制作用还表现在分解者和植物之间的正反馈环节，在低养分的土壤中，凋落物分解受到限制而减缓养分循环，进一步降低植物的养分有效性，限制植物的生产力；而与低生产力的植物相比，凋落物归还的数量和质量都较低，抑制了分解。在温带森林生态系统的研究表明，高土壤 N 有效性提高细根底物的质量，进而影响了细根的分解速率。

2. 土壤磷有效性与凋落物分解　长期复杂的成土过程形成了土壤在地理学上的分异，中高纬度地区的土壤较为年轻，N 含量较少，而低纬度地区土壤古老，P 含量有限。与 N 不同，土壤 P 来源于岩石风化，每个生态系统形成时都有一个固定 P 储量，随着生态系统发育，P 不断流失，且不能轻易得到补充，导致老的土壤中 P 的总量和生物有效性都较低，从而对生态系统净生产力（net primary productivity，NPP）、凋落物分解等其他生态学过程产生了深刻的影响。

（六）土壤动物与凋落物分解

凋落叶初始质量反映了处于叶经济型谱不同位置的植物在其叶片凋落后的特征，决定着无脊椎动物对凋落叶质量损耗的贡献大小。上述所谓的"叶经济谱"是一种叶器官水平的权衡策略谱，能通过性状指标的变化范围及其数量关系表现出来，而且可以涵盖植物的生长型、生活型、功能型、生物群落（植被）类型并独立于这些类型的划分，以及不依赖环境变化而存在，具有相对的稳定性和普遍性（陈莹婷等，2014）。

Guo 等（2019）探讨了底物质量与无脊椎动物在不同分解时期如何影响凋落物分解。在凋落叶不同分解时期，由于无脊椎动物种群数量和凋落叶质量均会变化，因而无脊椎动物对凋落叶质量损耗的贡献可能也会改变。Guo 等（2020）提出了基于无脊椎动物物候驱动凋落物质量损耗的概念模型。假说为：在分解早期，无论无脊椎动物是否对凋落叶损耗产生影响，植物叶经济型谱可预测凋落叶的分解速率，也就是说，养分含量越高的凋落叶分解速率越大。在分解后期，高质量凋落叶已充分分解，但低质量凋落叶降解程度仍较低，那么无脊椎动物会大量聚集并消耗中低等质量凋落叶，从而导致凋落叶质量损耗率与叶经济型谱呈现"驼背"型曲线关系。通过为期一年的 41 种木本植物凋落叶分解实验，其中，一个样点的凋落物层在分解后期存在特定的无脊椎动物消费高峰。结果表明，在无脊椎动物消费高峰来临之前，凋落叶质量损耗与叶经济型谱得分呈线性正相关关系。在分解后期，随着无脊椎动物大量消耗中、低质量凋落物，很大程度上改变了植物叶经济型谱预测的凋落叶分解轨迹，从而导致不同物种凋落叶累积损失与叶经济型谱初始值关系斜率的显著下降；与科学假说预测一致，凋落叶质量损耗和叶经济型谱关系表现出"驼背"型曲线关系。

Tian 等（1997）总结了土壤动物促进有机质残余物的生物降解和腐殖化的几种途径：①通过粉碎有机质残余物和增加微生物活动表面积；②通过产生酶裂解复杂的生物分子为简单化合物，以形成腐殖质；③通过改善微生物生长的有机质残余物和将有机质结合到土壤中，以及产生富含微生物和酶的粪便实现的。研究表明，白蚁能有效消化纤维素，在某些情况下能消化木质化物质。蚯蚓能粉碎植物凋落物，并使凋落物与它摄入的矿质土壤混合。通过摄食微生物，原生动物和线虫能增加氮的矿化，掠食性螨类对这样的相互作用有稳定的作用（Urbanowski et al.，2021）。

（七）土壤微生物与凋落物分解

凋落叶和枯枝在森林生态系统中起着重要作用，为多种生物提供有机生活场所，同时也在减缓土壤侵蚀、稳定区域小气候方面发挥着重要作用。凋落物分解是森林生物地球化学循环的关键过程，也是生态系统碳和氮循环的关键过程。森林生态系统中，凋落物分解是一个复杂的过程，是非生物和生物因素相互作用驱动的结果，最终引起基质的物理性质和化学性质发生改变（Freschet et al.，2012）。微生物是分解的主要媒介。以往通常认为，真菌是凋落物分解的主要贡献者，在森林生态系统凋落物分解过程中扮演重要角色，真菌能够产生特定的酶，并能通过菌丝获得新的底物（Baldrian，2016）。与真菌相比，前人对细菌在分解凋落物方面的研究相对较少，这与细菌在分解凋落物以及在植物组织中侵蚀的能力有限有关。然而，近年来研究表明，细菌也能降解木质素，并能分解真菌降解木质素后产生的副产物。

1. 细菌与凋落物分解　以往研究细菌在凋落物分解中的作用，主要集中在细菌群落组成及其与叶际群落的关系。凋落叶的整个分解过程中变形杆菌、放线杆菌和拟杆菌的丰富度最高；叶际细菌通常仅存在于分解的第一阶段，之后很快被产生蛋白水解酶和纤维素分解酶的冷杆菌、鞘氨醇单胞菌替代；分解后期，最常见的细菌种群为伯克霍尔德菌和链霉菌。在整个分解过程中，细菌多样性逐渐增加，但是其物种丰富度在早期阶段却较低（Baldrian，2016）。在枯枝分解方面，以往的研究很少关注细菌的群落组成及其与真菌的相互作用（Johnston et al.，2016）。

2. 真菌与凋落物分解　凋落叶分解中，真菌群落的多样性从早期到中期逐渐增加，但主要种群类别并未增加（Purahong et al.，2016）；在第二阶段，叶际真菌被利用纤维素的种群所取代，其中表达最多的酶是内切酶和内切木聚糖酶（Syeffen et al.，2007）；在晚期，担子菌的比例增加，担子菌能够降解木质素和腐殖酸（Purahong et al.，2016），锰过氧化物酶（Mn-dependent peroxidase）、漆酶（laccase）和木质素过氧化物酶（lignin peroxidase）为该阶段的主要活性酶，这对于木质素和纤维素的降解具有重要作用。Purahong 等（2016）发现，真菌群落丰度与漆酶、过氧化物酶活性均呈负相关，其将产生该现象的原因解释为能大量产生上述酶的少数真菌群落的拮抗作用。就枯枝分解来看，分解的第一阶段，软腐病细菌和白腐菌起主导作用，腐烂过程首先由褐腐真菌驱动，褐腐真菌可能是更强的竞争对手，但该真菌产生的木质素降解酶活性却较弱（Fukasawa et al.，2011），分解的后期，红紫柄小菇属和光柄菇属开始发挥作用（Fukasawa et al.，2009）。以上两个阶段的侵蚀模式是对木材密度的降低造成木材化学结构发生变化的响应结果。

第五节　实例研究Ⅱ——橡胶林凋落物分解及其影响因素

橡胶林生态系统作为一个开放的人工森林系统，是我国热带地区主要的人工林生态系统类型之一，每年有大量的枯枝枯叶凋落，进而在该系统中分解、循环。研究表明，在橡胶树 33 年的生产周期内，通过枯枝落叶的分解向土壤归还的 N、P、K、Mg 量分别为 1 350kg/hm^2、90kg/hm^2、300kg/hm^2、270kg/hm^2（曹建华等，2007）。可见，凋落物在橡胶林生态系统养分循环中占较大比重。橡胶树作为阔叶高大乔木，通常在每年的 2—3 月落叶而焕发新叶，研究凋落叶在橡胶树全周期生产中的养分循环过程及其影响因素对指导橡胶林合理施肥具有重要的实践意义。

我国橡胶林种植地形多变、气候环境复杂，土壤动物、立地条件、温度、大气沉降、植被类型等因素均会对凋落物分解产生一定的影响。研究表明，凋落物分解受土壤微生物生活代谢的影响较大，土壤中的环境条件越有利于微生物生长，凋落物的分解就越迅速，而土壤微生物活性在特定环境下与所处的深度密切相关（李海涛等，2007）。不同立地条件下土壤水分、径流强度均有差异，也会对凋落物的分解产生较大的影响。研究表明，适宜的土壤水分可提高分解者的活性，调控微生物氧活性，并可能通过破坏有机质结构为微生物提供可利用的有机碳（王景等，2015）。另外，坡度大小也会影响地表径流及凋落物的积累，进而导致矿质养分的流失或聚集（Koarashi et al.，2014）。目前，研究橡胶林凋落物分解的方法多数集中在地表覆盖，而忽视了立地条件等因素（赵春梅等，2012）。再者，凋落物在土壤中分解转化所形成的中间产物是非常复杂的，并且很难分离出来，而红外光谱技术则能够区分个体结构上的差异，同时具有操作简便及快速检测等特点，可用于作物残体结构的变化。将傅里叶变换红外光谱（Fourier transform infrared spectroscopy，FTIR）应用于农业研究是近些年来关注的热点，探索森林生态系统凋落叶在土壤中分解的结构变化，明确凋落物归还后分解变化机制，有利于为森林生态系统的物质循环提供理论参考（王景等，2015；曹莹菲等，2016；Soong et al.，2014）。

采用尼龙网袋原位分解法，探究橡胶林凋落叶在不同坡度及埋深条件下的干物质分解、养分释放特性，同时运用 FTIR 技术，定性分析凋落叶分解前后的组分及结构变化特征，将为橡胶林生态系统的物质循环深入研究及指导科学施肥提供理论基础。

一、研究方法

（一）试验点概况

试验点位于海南省儋州市中国热带农业科学院试验场，地处109°49′E，19°48′N。该地区处于东亚大陆季风气候的南缘，属热带湿润季风气候，5—10月为雨季，11月至翌年4月为干季，年均日照时数2 000h以上，年均气温为23.5℃，年均降水量为1 623mm。近20年儋州市平均月降水量和月气温见图3-5。该地区由丘陵、平原和山地三部分构成，丘陵占76.50%，平原占23.13%，山地占0.37%，海拔大部分在200m以下。土壤类型为花岗岩发育的砖红壤，主要人工林植被类型为天然橡胶林。

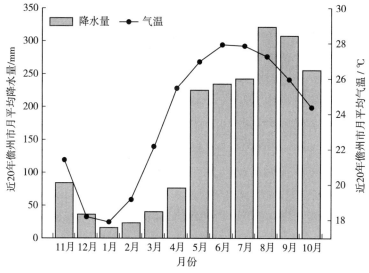

图3-5　近20年儋州市平均月降水量和月气温

（二）试验设计

2017年3月（橡胶树落叶期）在试验区林地收集橡胶树自然凋落叶作为研究对象，将凋落叶于室内风干备用，凋落叶分解采用凋落袋法。将凋落叶剪成1cm×1cm的片段，准确称取10g，分别装进10cm（宽）×20cm（长）、孔径1mm的尼龙网袋中（文海燕等，2017）。随机称取 5 份质量为 20g 的风干叶片，放于烘箱中 70℃烘干至恒重，计算风干系数。

试验从 2017 年 4 月 1 日开始，选择平地和坡地（坡度约 20°）相邻的两块管理一致的橡胶园，橡胶树栽培密度为 3m×7m，两块试验样地面积均约为 200m²。尼龙网袋均置于距每棵树树干 1m 的位置，试验处理示意如图 3-6 所示。试验设 4 个处理：①平地胶园地表覆盖处理（F-Ⅰ）；②平地胶园埋深 10cm 处理（F-Ⅱ）；③坡地胶园地表覆盖处理（S-Ⅰ）；④坡地胶园埋深 10cm（S-Ⅱ）处理。每个处理 3 次重复，共计 96 袋，其中：地表覆盖处理是将尼龙网袋固定于地表并与土壤平行接触，用凋落叶将其覆盖；埋深处理是将尼龙网袋平放于挖好的坑穴后回填原土，坑穴的长、宽、深分别为 15cm、25cm、10cm。试验开始后分别于 15d、30d、60d、90d、120d、150d、210d、240d 共 8 次进行采样，每次每处理各取回 3 袋，带回实验室，将杂物和土块用手挑出，随后用自来水轻轻冲洗尼龙网袋表面及内部的泥土，待网袋及凋落叶附着的泥土风干后，用毛刷将附着在凋落叶上的泥土去除干净，随后将凋落叶装于纸质信封袋中置于 70℃烘箱中烘干至恒重，记录烘干重。烘干样品用陶瓷研钵进行磨细、过筛后用于养分元素含量测定及傅里叶变换红外光谱分析。

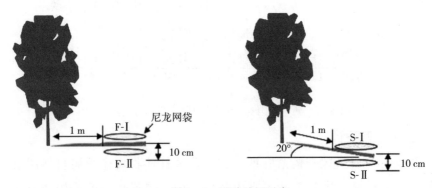

图 3-6　试验处理示意

　　F-Ⅰ：平地胶园地表覆盖处理　　F-Ⅱ：平地胶园埋深 10cm 处理　　S-Ⅰ：坡地胶园地表覆盖处理　　S-Ⅱ：坡地胶园埋深 10cm 处理

尼龙网袋分解实验见图 3-7。

图 3-7　尼龙网袋分解实验（薛欣欣拍摄）

（三）样品分析方法

凋落叶 C 含量采用重铬酸钾外加热法进行测定，N 和 P 含量均采用 H_2SO_4-H_2O_2 消煮-连续流动分析仪法进行测定，K 含量采用 H_2SO_4-H_2O_2 消煮-火焰光度计法进行测定，Ca 和 Mg 含量均采用 $HClO_4$-HNO_3 消煮—原子吸收分光光度计法进行测定（鲍士旦，2005）。橡胶树凋落叶初始化学性质如表 3-2 所示。

表 3-2　凋落叶初始化学性质

项目	C/%	N/%	C/N	P/%	K/%	Ca/%	Mg/%
凋落叶	43.81	1.75	25.1	0.114	1.207	1.256	0.17

凋落叶 FTIR 分析方法：将样品过 100 目筛，在 105℃烘箱中烘干至恒重后，在干燥条件下，放入玛瑙研钵中，同时加入烘干的已去除结晶水的 KBr（光谱纯级）适量，在红外灯下混匀后反复磨细呈淀粉状，取少许在压片机上压成透明的薄片，真空条件下，用压杆缓慢加压至约为 15MPa，维持 1min，之后将薄片放在 Nicolet 公司的 Inpact-410 型 FTIR 光谱仪上进行测定，测定区域 900~4 000cm^{-1}，扫描次数 32 次，分辨率 4cm^{-1}。

（四）计算方程（文海燕等，2017）

（1）凋落叶干物质残留率。

$$凋落叶干物质残留率（\%）= M_t/M_0 \times 100\%$$

式中，M_t 为 t 时刻的凋落叶剩余干重（g）；M_0 为凋落叶初始干重（g）。

（2）凋落叶分解系数（k）。

根据 Olson 衰减模型模拟凋落叶分解过程，并计算凋落叶分解系数（k）。

$$M_t/M_0 = e^{-kt}$$

式中，k 为凋落叶分解系数；t 为分解时间（月数）。

（3）元素残留率（R）。

$$R = (C_t \times M_t)/(C_0 \times M_0) \times 100\%$$

式中，C_t 为 t 时刻的凋落叶养分元素含量（%）；C_0 为初始养分元素含量（%）。

（五）数据分析

采用 Omnic8.0 软件对 FTIR 谱图进行数据处理，用 Origin8.0 软件绘图，用 SPSS20.0 软件进行统计分析，用 LSD（最小显著性差异）法进行多重比较。

二、结果

（一）坡度和埋深对凋落叶干物质残留率和 C/N 比的影响

图 3-7 显示，随着分解时间推进，各处理的凋落叶干物质残留率呈逐渐下降趋势。分解初始到 2 个月期间，地表覆盖处理 F-Ⅰ、S-Ⅰ凋落物干物质残留率均大于埋深处理 F-Ⅱ、S-Ⅱ；分解 3～9 个月，各处理的干物质残留率由大到小顺序表现为：坡地地表覆盖处理 S-Ⅰ＞平地地表覆盖处理 F-Ⅰ＞坡地埋深处理 S-Ⅱ、平地埋深处理 F-Ⅱ。凋落叶分解 9 个月后，F-Ⅰ、F-Ⅱ、S-Ⅰ和 S-Ⅱ的干物质残留率分别为 26.8%、11.2%、39.6% 和 6.9%。总体来看，埋深处理的凋落叶干

物质残留率较地表覆盖处理低。方差分析显示，各时期处理间干物质残留率差异显著（$P<0.05$）。

利用 Olson 指数衰减模型对凋落叶干物质分解动态进行拟合，相关系数 R^2 均达极显著水平（$P<0.01$）（表 3-3）。方程中分解系数 k 值的生态学意义是 k 值越大，凋落叶的分解速率越快。各处理的分解常数间差异显著（$P<0.05$），埋深处理 F-Ⅱ、S-Ⅱ 显著高于地表覆盖处理 F-Ⅰ、S-Ⅰ，而地表覆盖条件下，平地 F-Ⅰ 明显大于坡地 S-Ⅰ。凋落叶干物质分解 50% 和 95% 所需要的时间以坡地覆盖处理 S-Ⅰ 最长，而埋深处理 F-Ⅱ、S-Ⅱ 所需要的时间均较短。

表 3-3　不同坡度和埋深条件下橡胶树凋落叶干物质分解特征

处理	Olson 指数模型	相关系数 (R^2)	分解常数 (k)	分解 50% 所需时间/年	分解 95% 所需时间/年
F-Ⅰ	$M_t/M_0=e^{-0.146\,4t}$	0.941 2	0.146 4b	0.39	1.71
F-Ⅱ	$M_t/M_0=e^{-0.234\,1t}$	0.916 6	0.234 1a	0.25	1.07
S-Ⅰ	$M_t/M_0=e^{-0.102\,4t}$	0.877 7	0.102 4c	0.57	2.44
S-Ⅱ	$M_t/M_0=e^{-0.227\,0t}$	0.920 4	0.227 0a	0.26	1.10

注：t 为分解时间（月数）；k 为年分解常数；M_t/M_0 为凋落叶干物质残留率；M_t 为凋落叶剩余干重；M_0 为凋落叶初始干重；数据后不同字母表示不同处理间差异显著（$P<0.05$）。

凋落叶 C/N 比也随分解时间的推进呈波动性降低的趋势（图 3-8）。各处理相比，4 个月前坡地覆盖处理 S-Ⅰ 的 C/N 比明显高于其他处理（$P<0.05$），而 4 个月后处理间差异不显著（$P<0.05$）。F-Ⅰ、F-Ⅱ、

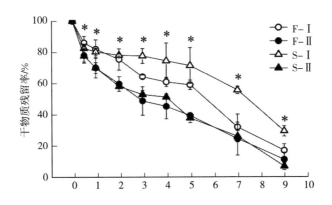

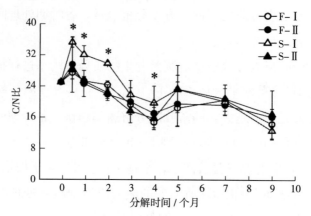

图 3-8 不同坡度和埋深条件下橡胶树凋落叶干物质残留率和C/N比的动态变化

注：*表示同一时间不同处理间差异显著（P<0.05），下同。

S-Ⅰ和S-Ⅱ凋落叶 C/N 比从最初始的 25.1 分别下降到 9 个月后的 14.4、16.2、12.7、16.9。

（二）干物质残留和养分残留率相关性分析

由图 3-9 可知，凋落叶干物质残留率与其养分残留率均具有较好

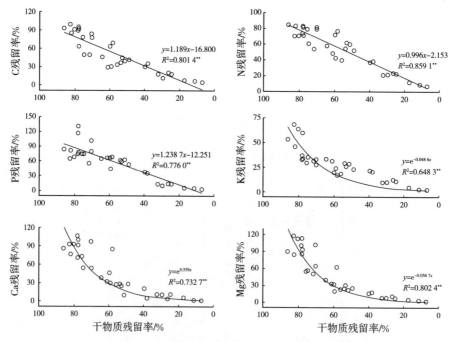

图 3-9 干物质残留率与养分残留率的相关关系

的相关关系，其中，凋落物干物质残留率与 C、N、P 养分残留率呈极显著的线性相关（$P<0.01$），而与 K、Ca、Mg 均呈极显著的指数相关（$P<0.01$）。由此说明，C、N、P 作为凋落物的有机物质成分，在释放过程中基本保持与干物质分解的同步性；K、Ca、Mg 在凋落物中大部分以离子形式存在，在凋落物分解前期具有较快的释放速率，后期释放速率减慢。因此，可以通过图 3-8 中的方程对凋落物养分释放规律进行模拟和预测，进而指导橡胶园的养分管理。

（三）坡度和埋深对凋落叶分解过程中 C、N 含量及其残留率的影响

由图 3-10 可知，凋落叶 C 含量随分解时间推进均呈波动性降低的趋势，表现为 0～0.5 个月增加，0.5～4 个月急剧下降，4～5 个月增加，5～9 个月缓慢下降。以坡地埋深处理 S-Ⅱ 的 C 含量始终最高，而平地覆盖处理 F-Ⅰ 的 C 含量始终最低，在分解 1、2、4、5、7、9 个月时处理间差异显著（$P<0.05$）。C 残留率随分解时间推进均呈逐渐下降的趋势，坡地覆盖处理 S-Ⅰ 的 C 残留率高于其他处理，方差分析表明，1～9 个月，

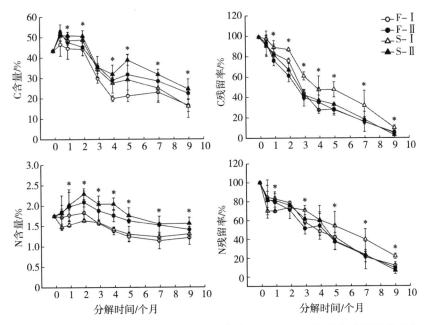

图 3-10　不同坡度及埋深条件下橡胶树凋落叶 C、N 含量及其残留率的动态变化

处理间差异均达显著水平（$P<0.05$）；分解 9 个月后，F-Ⅰ、F-Ⅱ、S-Ⅰ和 S-Ⅱ处理 C 残留率分别为 6.4％、5.9％、10.9％和 3.8％。

凋落叶 N 含量的变化在前 2 个月呈现增加趋势，2～9 个月呈持续降低的趋势；埋深处理 F-Ⅱ和 S-Ⅱ的 N 含量均高于覆盖处理 F-Ⅰ和 S-Ⅰ，处理间差异显著（$P<0.05$）。N 残留率随分解时间推进均呈下降趋势，坡地覆盖处理 S-Ⅰ的 N 残留率高于其他处理，方差分析表明，处理间差异显著（$P<0.05$）；分解 9 个月后，F-Ⅰ、F-Ⅱ、S-Ⅰ和 S-Ⅱ处理 N 残留率分别为 11.8％、9.1％、21.6％和 6.5％。

（四）坡度及埋深对凋落叶分解过程中 P、K、Ca、Mg 含量及其残留率的影响

由图 3-11 可知，凋落叶 P 含量随分解时间的推进，各处理变化有所不同，其中坡地覆盖处理 S-Ⅰ在 0.5 个月前呈降低的趋势，0.5～4 个月呈持续上升的趋势，而埋深处理 F-Ⅱ和 S-Ⅱ在 0.5 个月前均呈上升的趋势，0.5～4 个月呈降低的趋势，各处理在 4～9 个月均呈持续降低的趋势；分解期间，埋深处理 F-Ⅱ、S-Ⅱ的 P 含量均高于覆盖处理 F-Ⅰ、S-Ⅰ，方差分析显示处理间差异显著（$P<0.05$）。凋落叶 P 残留率随分解时间推进变化趋势与 P 含量基本一致，分解 3 个月后的坡地覆盖处理 S-Ⅰ的残留率明显高于坡地埋深处理 S-Ⅱ，处理间差异显著（$P<0.05$）。分解 9 个月后，F-Ⅰ、F-Ⅱ、S-Ⅰ和 S-Ⅱ处理 P 残留率分别为 5.7％、5.3％、10.7％和 3.4％。

凋落叶 K 含量在前 2 个月呈急剧降低的趋势，2～4 个月呈缓慢上升的趋势，4～9 个月呈缓慢下降的趋势，9 个月之前处理间差异显著（$P<0.05$）。凋落叶 K 残留率与 K 含量变化趋势相似，分解期间以坡地地表覆盖处理 S-Ⅰ的 K 残留率最高，在 0～2 个月急剧下降到较低水平，分解 2 个月时，F-Ⅰ、F-Ⅱ、S-Ⅰ和 S-Ⅱ各处理 K 残留率分别为 29.3％、19.5％、32.7％和 17.1％；分解 9 个月后，F-Ⅰ、F-Ⅱ、S-Ⅰ和 S-Ⅱ各处理 K 残留率分别仅为 4.8％、3.1％、9.7％和 2.3％。处理间差异显著（$P<0.05$）。

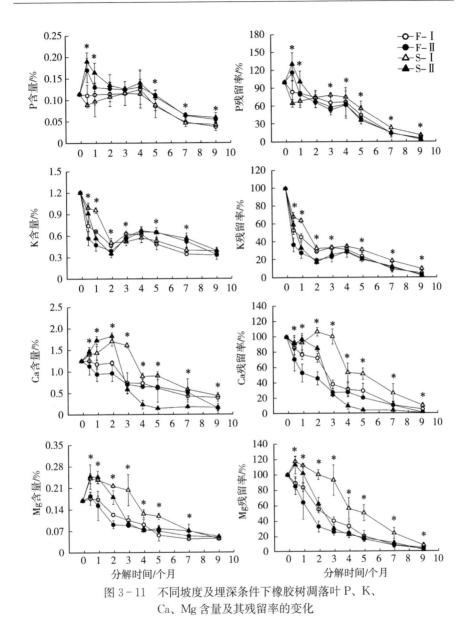

图 3-11　不同坡度及埋深条件下橡胶树凋落叶 P、K、
Ca、Mg 含量及其残留率的变化

凋落叶 Ca 含量随分解时间的推进，覆盖和埋深处理的变化有所差别，平地覆盖处理 F-Ⅰ 和平地埋深处理 F-Ⅱ 均呈持续降低的趋势，而坡地覆盖处理 S-Ⅰ 和坡地埋深处理 S-Ⅱ 均呈先增加后降低的趋势，在分解 2 个月时达到最大值，之后呈持续降低的趋势，其中坡地埋深处

理 S-Ⅱ 在 2 个月后由各处理中最高水平急剧下降到最低水平；方差分析显示，处理间差异显著（$P<0.05$）。凋落叶 Ca 的残留率以坡地覆盖处理 S-Ⅰ较高，坡地埋深处理 S-Ⅱ 最低，方差分析表明，处理间差异均显著（$P<0.05$）。分解 9 个月后，F-Ⅰ、F-Ⅱ、S-Ⅰ和 S-Ⅱ各处理 Ca 残留率分别为 5.5%、1.4%、10.4%和 0.8%。

凋落叶 Mg 含量随分解时间的推进呈先上升后下降的趋势，在分解 0.5 个月时达到最大值；分解 9 个月时处理间无显著差异（$P<0.05$）。就凋落叶 Mg 残留率而言，坡地条件下的 Mg 残留率呈先上升后下降的趋势，在 0.5 个月时达到最大，而平地条件下的 Mg 残留率则呈持续下降的趋势，坡地覆盖处理 S-Ⅰ的残留率高于其他处理，方差分析表明，整个分解过程中处理间差异显著（$P<0.05$）。分解 9 个月后，F-Ⅰ、F-Ⅱ、S-Ⅰ和 S-Ⅱ各处理 Mg 残留率分别为 4.7%、3.4%、7.9%和 2.1%。

（五）坡度及埋深对凋落叶红外光谱特征的影响

不同坡度及埋深条件下橡胶树凋落叶傅里叶变换红外光谱（FTIR）特征如图 3-12 所示。FTIR 吸收峰的归属如下：红外光谱吸收峰发生变化的主要有 3 387cm^{-1}（一部分为碳水化合物中—OH 形成的氢键的伸缩振动，另一部分为纤维素、半纤维素、淀粉及其他多糖和单糖等成分，也包括氨基酸中 N—H 伸缩振动）；2 920cm^{-1} 和 2 853cm^{-1}（分别为对称和非对称的油脂中—CH 伸缩振动，主要是膜脂和细胞壁果胶中常见的酯类化合物，反映膜透性）；1 734cm^{-1}（酯化果胶中酯基—COOR 的伸缩振动）；1 638cm^{-1}［细胞壁蛋白质上的 C＝O 酰胺（Ⅳ带）伸缩振动，反映蛋白构象］；1 512cm^{-1}［蛋白质上 N—H 酰胺基（Ⅶ带）的伸缩振动，酰胺化合物的特征吸收峰］；1 439cm^{-1}（木质素和糖类中饱和 C—H 的弯曲振动）；1 375cm^{-1}（具有脂肪族特征化合物中—CH$_3$ 的对称变形振动，说明存在纤维素）；1 153cm^{-1}（C—O 的伸缩振动，蛋白质分子氨基酸残基、纤维素糖苷等多糖吸收峰）；1 033cm^{-1} 和 1 050cm^{-1}（糖类和多糖结构中的 C—O 伸缩振动）。

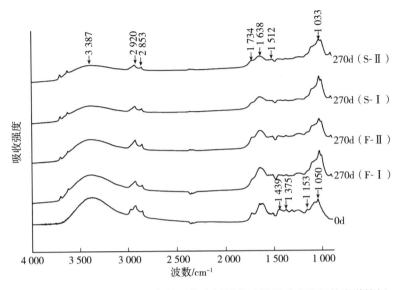

图 3-12 不同坡度及埋深条件下橡胶树凋落叶傅里叶变换红外光谱特征

与分解初始相比，分解 9 个月后的 3 387cm^{-1} 处吸收峰强度有不同程度减弱，表明橡胶树凋落叶中的纤维素、半纤维素、多糖等糖类得到分解，使 —OH 基团含量减少，凋落叶中的残留 C 量也随之显著减少；各处理相比较，坡地埋深处理 S-Ⅱ 的吸收峰最弱，说明其分解速率较其他处理快。2 920cm^{-1}、2 853cm^{-1} 在分解后吸收峰强度有所减弱，说明分解后凋落叶细胞壁中的蛋白质、纤维素和果胶等组分有所减少；各处理相比较，F-Ⅰ 的吸收峰最强，S-Ⅱ 的吸收峰最弱。1 734cm^{-1} 处的吸收峰在分解后基本消失，说明羧酸酯类化合物基本分解。1 638cm^{-1} 处的吸收峰强度有所减弱，说明细胞壁中 C═O 基含量减少，蛋白质含量降低；各处理相比较，平地吸收峰强度强于坡地、覆盖强于埋深。1 439cm^{-1}、1 375cm^{-1} 处的吸收峰在分解后消失，即木质素 C—H 弯曲振动和具脂肪族特征的化合物中—CH$_3$ 的对称变形振动消失，表明橡胶树凋落叶中木质素、纤维素、半纤维素或具有脂肪族特征的化合物产生了分解。1 050cm^{-1} 处的吸收峰向低频方向位移了 17cm 后变为1 033cm^{-1}，说明凋落叶在分解过程中凋落叶原有的可溶性糖和纤维素

C—C 键和 C—O 键伸缩振动遭到破坏；各处理相比较，埋深处理 F-Ⅱ 和 S-Ⅱ 的吸收峰较 F-Ⅰ 和 S-Ⅰ 处理弱，也说明埋深处理加速了凋落叶的分解，残留 C 量随之降低。1 153cm^{-1} 处的吸收峰消失，说明蛋白质分子氨基酸残基、纤维素糖苷等多糖降解。

三、讨论

(一) 埋放位置对凋落叶干物质分解速率的影响

研究表明，凋落叶埋深处理的干物质分解速率明显比地表覆盖快；Olson 指数方程模拟显示，埋深处理分解 50% 和 95% 所需要的时间分别比地表覆盖处理快 1.7～3.7 个月和 7.7～16.1 个月。有研究表明，埋深处理明显加速了杉木凋落叶分解，主要因为地下土壤水热条件要好于地表，有利于微生物活动分解（马祥庆等，1997）；金龙等（2015）认为埋于橡胶林地下的凋落叶与土壤接触面积更大，土壤微生物参与凋落叶分解的机会也更大；陈晓丽等（2015）研究表明，随着土层深度加深，过氧化氢酶活性增大，进而促进凋落物的分解。研究结果还显示，平地覆盖处理的凋落叶干物质分解速率比坡地覆盖处理快，与吕瑞恒等（2012）的研究结果相似，其研究表明，坡度越小，越有利于凋落物的分解。海拔、坡度的变化导致林下水热条件具有不同程度的差异，进而影响凋落物分解速率。研究还发现，坡度主要影响土壤水分，坡度越大，土壤地表保水能力越差，越不利于微生物的活动，从而不利于凋落物的分解。

(二) 埋放位置对凋落叶养分元素分解的影响

研究表明，凋落叶分解过程中 C 和 N 含量呈波动性下降的趋势，其残留率呈持续下降的趋势。该现象说明，分解过程中凋落叶对 C 和 N 的富集作用较弱。赵春梅等（2012）研究表明，叶片氮的富集出现在 4 个月时，富集率仅为 2.75%，其余时间几乎呈下降的趋势，也可以说明，凋落叶在分解过程中释放的 C、N 对土壤的补充贡献较高。王春阳等（2011）研究表明，凋落物可显著提高土壤微生物 C、N 含量。坡地覆盖处理 S-Ⅰ 的 C、N 残留率均较高，埋深处理均较低，说明埋深处理加快了营养元素的释放速率，与吕瑞恒等（2012）的研究结果相似。与 C、N 分解有所不同的是，P、K、Ca、Mg 矿质营养元素在分解过程中均呈"释放-富集"模式，富集现象出现时间分别为：埋深处理的 P 在 0.5 个月和 3～4 个月；所有处理的 K 在 4 个月时；坡地覆盖处理 S-Ⅰ 的 Ca 在 2 个月时；坡地条件下的 Mg 在 0.5 个月时。各营养元素的富集率均较低，且持续时间均较短，总体均呈显著释放的趋势。K 含量急剧下降，之后趋于平缓，这与 K 在植物体内主要以离子态存在有很大关系（何洁等，2014）。各营养元素的分解速率均以坡地覆盖处理 S-Ⅰ 最慢，且残留量最大；埋深处理均较快，且残留量较小。造成该现象的主要原因与坡地覆盖处理干物质分解速率慢，而埋深处理干物质分解速率较快有较大的关系。

（三）埋放位置对凋落叶傅里叶变换红外光谱特征的影响

以往的研究表明，油菜秸秆腐解过程中最明显的变化在 3 410～3 430cm^{-1}、2 930cm^{-1} 处，其吸收峰强度减弱，脂肪族化合物含量下降（王景等，2015）。王文全等（2011）研究表明，随着时间推移，牛粪腐解在 3 430cm^{-1}、2 925cm^{-1} 和 2 855cm^{-1} 处的吸收峰逐渐减弱，说明在分解过程中，糖类、脂肪族和蛋白质等有机物逐渐在分解。本试验结果显示，分解 270d 之后，在 3 387cm^{-1}、2 920cm^{-1}、2 853cm^{-1}、1 439cm^{-1} 和 1 375cm^{-1} 处的吸收峰有所减弱甚至消失，说明凋落叶糖类、脂肪族碳、蛋白质等进行了部分的分解，凋落叶在分解后全 C 含量及 C/N 比大幅下降。主要官能团 FTIR 中反映细胞壁多糖信息的是指纹区 900～1 200cm^{-1}（糖链的特征峰）。研究表明，在 1 033cm^{-1} 处的吸收峰强度均表现为地表覆盖强于埋深处理，也说明埋深处理加快了凋落叶糖类的分解。因此，在橡胶林生态系统中，可以采取适当的或局部的将凋落物与表土掺混，以加强土壤微生物的分解活动，促进凋落物的分解，加速养分的释放，以供橡胶树根系吸收利用。

四、结论

橡胶树凋落叶干物质残留率随分解时间的推进符合 Olson 指数衰减模型，相关系数达极显著水平（$P<0.01$）。凋落叶干物质和养分元素分解速率均受坡度和埋深处理显著影响（$P<0.05$），埋深处理较地表覆盖处理加快了凋落叶干物质分解速率；经过 9 个月的分解，坡地覆盖处理 S-I 的凋落叶 C、N、P、K、Ca 和 Mg 的元素残留率均较其他处理高，而埋深处理 F-II 和 S-II 的元素残留率均较低。干物质残留率由高到低顺序为：坡地覆盖（39.6%）＞平地覆盖（26.8%）＞平地埋深（11.2%）＞坡地埋深（6.9%）；各处理凋落叶干物质分解 95% 所需要的时间分别为 29.3 个月、20.5 个月、12.8 个月和 13.2 个月；各处理 C/N 比从最初的 25.1 分别下降到 12.7、14.4、16.2 和 16.9。分解期间各处理养分残留率差异显著（$P<0.05$）；傅里叶变换红外光谱分析显示，凋落叶分解后的糖类、果胶、蛋白质、木质素等含量不同程度减少，羧酸酯类化合物基本分解，埋深处理分解程度均较覆盖处理高。综上所述，凋落叶分解过程中，平地覆盖较坡地覆盖分解快，而埋深处理较覆盖处理分解快。建议橡胶生产中采取凋落叶与地表土掺混或压青的农艺措施以加快凋落叶的分解，提高养分循环效率，同时还能降低养分流失及森林火灾风险。

五、存在问题与展望

凋落物分解是森林生态系统养分归还的主要途径，在今后的研究中，应加强以下几个方面的研究：①地下根系凋落物分解研究；②凋落物分解预测模型的研究；③凋落物分解的混合效应；④对非正常凋落物（如冰雪灾害、台风、地质灾害所造成的非正常凋落物）分解的关注；⑤N 沉降、气候变化等多因子交互作用对凋落物分解驱动机制的研究；⑥将植物-凋落物-土壤作为一个整体，结合生态化学计量学，系统研究各元素的生物地球化学循环过程、机制及耦合关系，特别是与环境污染相关重金属元素的迁移转化。

参 考 文 献

包剑利，殷秀琴，李晓强，2015. 长白山牛皮杜鹃凋落物分解及土壤动物的作用. 生态学报，35（10）：3320 - 3328.

鲍士旦，2005. 土壤农化分析. 3 版. 北京：中国农业出版社.

曹建华，蒋菊生，赵春梅，等，2007. 橡胶林生态系统养分循环研究进展. 热带农业科学，27（3）：48 - 56.

曹莹菲，张红，赵聪，等，2016. 秸秆腐解过程中结构的变化特征. 农业环境科学学报，35（5）：976 - 984.

陈晓丽，2014. 模拟增温对峨眉冷杉林凋落物分解的影响. 北京：中国科学院大学.

陈晓丽，王根绪，杨燕，等，2015. 山地森林表层土壤酶活性对短期增温及凋落物分解的响应. 生态学报，35（21）：7071 - 7079.

陈莹婷，许振柱，2014. 植物叶经济谱的研究进展. 植物生态学报，38（10）：1135 - 1153.

陈玥希，陈蓓，孙辉，等，2017. 川西高海拔增温和加氮对红杉凋落物有机组分释放的影响. 应用生态学报，28（6）：1753 - 1760.

迟国梁，童晓立，2010. 亚热带地区树叶凋落物在流水和静水环境中的淋溶规律. 生态科学，29（1）：50 - 55.

崔嘉楠，陈玥希，孙辉，2015. 增温和增氮对红杉（Larix potaninii）新鲜凋落物矿质元素释放的影响. 四川农业大学学报，33（2）：133 - 137，173.

豆鹏鹏，王芳，马瑜，等，2018. 叶凋落物碳、氮和磷元素对模拟淋溶的响应. 科学通报，63（30）：3114 - 3123.

方华，莫江明，2006. 氮沉降对森林凋落物分解的影响. 生态学报，26（9）：3127 - 3136.

谷永建，李玉梅，陶千冶，等，2020. 网袋埋藏和自然环境下测定森林凋落物早期分解过程的比较. 浙江林业科技，40（6）：1 - 8.

官昭瑛，赵颖，童晓立，2009. 蒲桃和人面子叶片单宁含量与凋落物分解速率及底栖动物定殖的关系. 应用生态学报，20（10）：2493 - 2498.

郭忠玲，郑金萍，马元丹，等，2006. 长白山各植被带主要树种凋落物分解速率及模型模拟的试验研究. 生态学报，26（4）：1037-1046.

何洁，杨万勤，倪祥银，等，2014. 雪被斑块对川西亚高山森林凋落物冬季分解过程中钾和钠动态的影响. 植物生态学报，38（6）：550-561.

金龙，吴志祥，杨川，等，2015. 不同林龄橡胶凋落物叶分解特性与有机碳动态研究. 热带作物学报，36（4）：698-705.

黎锦涛，孙学凯，胡亚林，等，2017. 干湿交替对科尔沁沙地人工林叶凋落物分解和养分释放的影响. 应用生态学报，28（6）：1743-1752.

李海涛，于贵瑞，李家永，等，2007. 亚热带红壤丘陵区四种人工林凋落物分解动态及养分释放. 生态学报，27（3）：898-908.

李玉霖，孟庆涛，赵学勇，等，2008. 科尔沁沙地植物成熟叶片性状与叶凋落物分解的关系. 生态学报，28（6）：2486-2494.

李志安，邹碧，丁永祯，等，2004. 森林凋落物分解重要影响因子及其研究进展. 生态学杂志，23（6）：77-83.

梁国华，李荣华，丘清燕，等，2014. 南亚热带两种优势树种叶凋落物分解对模拟酸雨的响应. 生态学报，34（20）：5728-5735.

刘强，彭少麟，毕华，2005. 热带亚热带森林凋落物交互分解的养分动态. 北京林业大学学报，27（1）：24-32.

刘瑞鹏，毛子军，李兴欢，等，2013. 模拟增温和不同凋落物基质质量对凋落物分解速率的影响. 生态学报，33（18）：5661-5667.

刘增文，2002. 森林生态系统中枯落物分解速率研究方法. 生态学报，22（6）：954-956.

吕瑞恒，李国雷，刘勇，等，2012. 不同立地条件下华北落叶松叶凋落物的分解特性. 林业科学，48（2）：31-37.

马祥庆，刘爱琴，何智英，等，1997. 杉木幼林生态系统凋落物及其分解作用研究. 植物生态学报，21（6）：564-570.

马志良，高顺，杨万勤，等，2015. 亚热带常绿阔叶林6个常见树种凋落叶在不同降雨期的分解特征. 生态学报，35（22）：7553-7561.

潘冬荣，柳小妮，申国珍，等，2013. 神农架不同海拔典型森林凋落物的分解特征. 应用生态学报，24（12）：3361-3366.

彭少麟，刘强，2002. 森林凋落物动态及其对全球变暖的响应. 生态学报，22（9）：

1534 - 1544.

史学军，潘剑君，陈锦盈，等，2009. 不同类型凋落物对土壤有机碳矿化的影响. 环境科学，30（6）：1832 - 1837.

宋新章，江洪，马元丹，等，2009. 中国东部气候带凋落物分解特征：气候和基质质量的综合影响. 生态学报，29（10）：5219 - 5226.

田晓堃，2020. 亚热带四种森林凋落物分解过程中土壤动物与微生物的影响. 北京：中国林业科学研究院.

汪思龙，陈楚莹，2010. 森林残落物生态学. 北京：科学出版社.

王春阳，周建斌，夏志敏，等，2011. 黄土高原区不同植物凋落物搭配对土壤微生物量碳、氮的影响. 生态学报，31（8）：2139 - 2147.

王瑾，黄建辉，2001. 暖温带地区主要树种叶片凋落物分解过程中主要元素释放的比较. 植物生态学报，25（3）：375 - 380.

王景，魏俊岭，章力干，等，2015. 厌氧和好气条件下油菜秸秆腐解的红外光谱特征研究. 中国生态农业学报，23（7）：892 - 899.

王卫霞，史作民，罗达，等，2016. 南亚热带格木和红椎凋落叶及细根分解特征. 生态学报，36（12）：3479 - 3487.

王文全，赵秀玲，罗艳丽，等，2011. 牛粪发酵过程中的红外光谱分析. 中国牛业科学，37（2）：15 - 19.

王小平，杨雪，杨楠，等，2019. 凋落物多样性及组成对凋落物分解和土壤微生物群落的影响. 生态学报，39（17）：6264 - 6272.

王志香，周光益，林明献，等，2007. 吊罗山热带林 4 种主要林木的凋落叶分解研究. 安徽农业科学，35（22）：6777 - 6779.

文海燕，傅华，郭丁，2017. 黄土高原典型草原优势植物凋落物分解及养分释放对氮添加的响应. 生态学报，37（6）：2014 - 2022.

张东来，毛子军，朱胜英，等，2008. 黑龙江省帽儿山林区 6 种主要林分类型凋落物研究. 植物研究，28（1）：104 - 108.

赵春梅，曹建华，李晓波，等，2012. 橡胶林枯落物分解及其氮素释放规律研究. 热带作物学报，33（9）：1535 - 1539.

Anderson J M，Swift M J，1983. Decomposition in tropical forests. Tropical Rain Forest：Ecology and Management，4381（5）：55 - 67.

Baldrian P，2016. Forest microbiome：Diversity，complexity and dynamics. FEMS Microbiology Reviews，40‐41：109‐130.

Bani A，Pioli S，Ventura M，et al. ，2018. The role of microbial community in the decomposition of leaf litter and deadwood. Applied Soil Ecology，126：75‐84.

Berg B，Matzner E，1997. Effect of N deposition on decomposition of plant litterand soil organic matter in forest systems. Environmental Reviews，5：1‐25.

Berg B，Santo A，Rutigliano F A，et al. ，2003. Limit values for plant litter decomposing in two contrasting soils：Influence of litter elemental composition. Acta Oecologica，24（5‐6）：295‐302.

Berg G，2014. Decomposition patterns for foliar litter：A theory for influencingfactors. Soil Biology & Biochemistry，78：222‐232.

Bradford M A，Tordoff G M，Eggers T H，et al. ，2002. Microbiota，fauna，and mesh size interactions in litter decomposition. Oikos，99：317‐323.

Chapin F S，Matson P A，Mooney H A，2002. Principles of terrestrial ecosystem ecology. New York：Springer-Verlag.

Chassain J，Gonod L V，Chenu C，et al. ，2021. Role of different size classes of organisms in cropped soils：What do litterbag experiments tell us? A meta-analysis. Soil Biology and Biochemistry，162：108394.

Cornelissen J H C，1996. An experimental comparison of leaf decomposition rate in a wide range of temperate plant specials and types. Journal of Ecology，84（1）：573‐582.

Crossley D A，Hoglund M P，1962. A litter-bag method for the study of microarthropods inhabiting leaf litter. Ecology，43：571‐573.

Freschet，G T，Weedon J T，Aerts R，et al. ，2012. Interspecific differences in wood decay rates：insights from a new short-term method to study long-term wood decomposition. Journal of Ecology，100：161‐170.

Fukasawa Y，Osono T，Takeda H，2009. Dynamics of physicochemical properties and occurrence of fungal fruit bodies during decomposition of coarse woody debris of Fagus crenata. Journal of Forest Research，14：20‐29.

Fukasawa Y，Osono T，Takeda H，2011. Wood decomposing abilities of diverse lignicolous fungi on nondecayed and decayed beech wood. Mycologia，103：474‐482.

Gartner T B，Cardon Z G，2004. Decomposition dynamics in mixed-species leaf litter.

Oikos，104：230－246.

Grosso F，Baath E，Nicola F D，2016. Bacterial and fungal growth on different plant lit-ter in Mediterranean soils：Effects of C/N ratio and soil pH. Applied Soil Ecology，108：1－7.

Guo C，Cornelissen J H C，Tuo B，et al. ，2020. Invertebrate phenology modulates the effect of the leaf economics spectrum on litter decomposition rate across 41 subtropical woody plant species. Functional Ecology，26（1）：56－65.

Guo J，Wang G，Wu Y，et al. ，2019. Leaf litter and crop residue decomposition in ginkgo agroforestry systems in eastern china：soil fauna diversity and abundance，mi-crobial biomass and nutrient release. Journal of Forestry Research，30（5）：1895－1902.

Hansen R A，Coleman D C，1998. Litter complexity and composition are determinants of the diversity and species composition of oribatid mites（Acari：Oribatida）in litterbags. Applied Soil Ecology，9（1/3）：17－23.

Hobbie S E，2000. Interactions between litter lignin and soil nitrogen availability during leaf litter decomposition in a Hawaiian montane forest. Ecosystems，3：484－494.

Howard P J A，Howard D M，1974. Microbial decomposition of tree and shrub leaf litter. Oikos，25：311－352.

Jenney H L，Gessel P，Binham F T，1949. Comparative study of decomposition rates of organic matter in temperate and tropical regions. Soil Science，68：419－432.

Johnston S R，Boddy L，Weightman A J，2016. Bacteria in decomposing wood and heir interactions with wood-decay fungi. Fems Microbiology Ecology，92：179.

Kaspari M，Garcia M N，Harms K E，et al. ，2008. Multiple nutrients limit litterfall and decomposition in a tropical forest. Ecology Letters，11：35－40.

Koarashi J，Atarashi-Andoh M，Takeuchi E，et al. ，2014. Topographic heterogeneity effect on the accumulation of Fukushima-derived radiocesium on forest floor driven by biologically mediated processes. Scientific Reports，4：6853.

Liu J X，Liu S G，Li Y Y，et al. ，2017. Warming effects on the decomposition of two litter species in model subtropical forests. Plant and Soil，420：277－287.

Lousier J D，Parkinson D，1976. Litter decomposition in a cool temperate deciduous forest. Canadian Journal of Botany，54：419－436.

Mindennan G，1968. Addition，decomposition and accumulation of organic matter in forests. Journal of Ecology，56：355 - 362.

Moretto A S，Distel R A，Didone N G，2001. Decomposition and nutrient dynamic of leaf litter and roots from palatable and unpalatable grasses in a semi-arid grassland. Applied Soil Ecology. 18（1）：31 - 37.

Olson J S，1963. Energy storage and balance of producers and decomposers in ecological systems. Ecology，44（2）：322 - 331.

Paris C I，Polo M G，Garbagnoli C，et al.，2008. Litter decomposition and soil organisms within and outside of camponotus punctulatus nests in sown pasture in Northeastern Argentina. Applied Soil Ecology，40（2）：271 - 282.

Preston C，Nault J R，Trofymow J A，et al.，2009. Chemical changes during 6 years of decomposition of 11 litters in some Canadian forest sites. Part 1. Elemental composition，tannins，phenolics，andproximate fractions. Ecosystems，12：1053 - 1077.

Purahong W，Krüger D，Buscot F，et al.，2016. Correlations between the composition of modular fungal communities and litter decomposition-associated ecosystem functions. Fungal Ecology. 22：106 - 114.

Santiago L S，2007. Extending the leaf economics spectrum todecomposition：Evidence from a tropical forest. Ecology，88：1126 - 1131.

Soong J L，Calderón F J，Betzen J，et al.，2014. Quantification and FTIR characterization of dissolved organic carbon and total dissolved nitrogen leached from litter：A comparison of methods across litter types. Plant and Soil，385（1/2）：125 - 137.

Steffen K T，Cajthaml T，Snajdr J，et al.，2007. Differential degradation of oak (*Quercus petraea*) leaf litter by litter-decomposing basidiomycetes. Research in Microbiology 158：447 - 455.

Taylor B R，Parkinson D，ParsonsW F J，1989. Nitrogen and lignin content as predictors of litter decay rates：A microcosm test. Ecology，70（1）：97 - 104.

Trum F，Titeux H，Ponette Q，et al.，2015. Influence of manganese on decomposition of common beech (*Fagus sylvatica* L.) leaf litter during field incubation. Biogeochemistry，125：349 - 358.

Urbanowski C K，Horodecki P，Kamczyc J，et al.，2021. Does litter decomposition affect mite communities (Acari，Mesostigmata)? A five-year litterbag experiment with

14 tree species in mixed forest stands growing on a post-industrial area. Geoderma, 391: 114963.

Wang Q W, Piertiste M, Liu C G, 2021. The contribution of photodegradation to litter decomposition in a temperate forest gap and understory. New Phytologist, 229 (5): 2625 – 2636.

Wardle D A, Bonner K I, Nicholson K S, 1997. Biodiversity and plant litter: Experimental evidence which does not support the view that enhanced species richness improves ecosystem function. Oikos, 79: 247 – 258.

Whalen E D, Smith R G, Grandy A S, et al., 2018. Manganese limitation as a mechanism for reduced decomposition in soils under atmospheric nitrogen deposition. Soil Biology & Biochemistry, 127: 252 – 263.

Xie Y J, 2020. A meta-analysis of critique of litterbag method used in examining decomposition of leaf litters. Journal of Soils and Sediments, 20 (4): 1 – 6.

Xu Z F, Pu X Z, Yin H J, et al., 2012. Warming effects on the early decomposition of three litter types, Eastern Tibetan Plateau, China. European Journal of Soil Science, 63: 360 – 367.

第四章 森林凋落物与土壤肥力

森林凋落物层是森林生态系统中一个十分活跃的界面，一方面环境因素影响凋落物的积累和分解，另一方面凋落物的动态变化反过来又影响到系统内的水热收支平衡、土壤理化特性以及森林生产力。凋落物分解构成了森林生态系统生物地球化学循环的一个重要组成部分，凋落物归还到林地表面后会对土壤的水文效应、土壤结构等物理性质，以及pH、营养元素含量、有机质含量、碳库储量、土壤酶活性等土壤化学性质产生影响。凋落物作为食物链的一个环节，为土壤微生物和土壤动物提供物质和能量，并为它们提供栖息地，与土壤生物亚系统相联系。除此之外，森林地表凋落物层会减少土壤光照，减缓温度变化幅度，降低土壤水分蒸发。综上所述，森林凋落物在改善土壤理化性质、缓解土壤酸化、改善土壤肥力和生物群落结构等方面具有重要作用。

第一节 森林凋落物对土壤物理性质的影响

一、凋落物对土壤物理性质的影响

土壤水分、容重、毛管持水量和孔隙度是重要的土壤物理因子，这些因子影响着森林树木根系，进而影响林木的生长。土壤容重综合反映了土壤颗粒和土壤孔隙状况，一般来讲，土壤容重小，表明土壤比较疏松、孔隙多；反之，土壤容重大，表明土壤比较紧实、结构较差、孔隙少。土壤容重与孔隙度的改善与土壤表面积累的凋落物数量和组成密切相关，还和其他与土壤有机质来源相关联的森林凋落物有关。

张希彪等（2006）研究认为去除凋落物是引起黄土高原油松人工林

土壤物理性质恶化的主要原因。傅静丹等（2009）对加勒比松凋落物研究表明，保留凋落物在一定程度上改善了土壤的物理性质，土壤较为疏松，孔隙较多，保水能力也较强。森林凋落物能有效减缓雨滴对林地的击溅，截持大量的水分，并减缓水分在土壤坡面上的流动速度，减小径流泥沙量和水分蒸发，森林土壤的非毛管孔隙度有利于水分下渗（Adekalu et al.，2007）；去除地表凋落物后，降雨过程中雨滴直接打击裸露地面，同时，非毛管孔隙度的减少不利于水分下渗，地表径流增加，土壤中的黏粒流失量增加。

不同林型也影响土壤物理性质。王燕等（2008）认为在 $0 \sim 40cm$ 土层中，毛竹林土壤物理性质明显优于常绿阔叶林和杉木人工林，一方面是由于毛竹林根系较浅，另一方面是因为毛竹林地表有大量的枯落物存在，枯落物的分解极大地改善了土壤物理性质。另外，针阔混交林较针叶林对土壤物理性质的改善作用更好，主要是由于阔叶树增加了针阔混交林地表凋落物数量，提高了凋落物的分解速率，为林地输送量多、质优的有机物质，促进土壤团粒结构的形成。郑思俊等（2008）报道，凋落物年凋落量与绿地群落 $0 \sim 10cm$ 土壤毛管孔隙度呈显著负相关，而与绿地群落 $0 \sim 10cm$ 土壤持水特性相关性不显著；凋落物现存量与绿地群落 $0 \sim 10cm$ 土壤总孔隙度和通气度呈显著正相关，与 $0 \sim 10cm$ 土壤容重呈显著负相关。绿地群落凋落物蓄积能有效改善绿地群落内表层土壤物理性质，主要是改良土壤孔隙状况。

二、凋落物对土壤团聚体结构的影响

土壤团聚体是矿物颗粒与有机无机物结合形成的土壤结构基本单元，它在土壤物质传输与保持中起着重要的作用，对土壤肥力有着显著的影响，同时在侵蚀过程中也扮演着关键的角色（吕思扬等，2022）。土壤团聚体通过控制土壤孔隙影响土壤的透气性、保水性以及抗侵蚀能力，并且为土壤微生物提供良好的生境。

王志康等（2022）研究表明，凋落物去除后，$10 \sim 40cm$ 土层中粒径大于 0.25mm 的水稳性团聚体含量、机械稳定性以及团聚体平均质量直径（MWD）均显著降低，并且土壤容重增加了 5.24%～13.04%。吴君君（2017）研究发现，去除根系和凋落物后，大于 2.0mm 的团聚体含量分别降低了 23.4%、27.7%，土壤水稳性团聚体的平均质量直径降低，土壤结构变差，抗侵蚀能力减弱；凋落物加倍则对团聚体结构无显著影响。由此可见，凋落物去除在总体上降低了森林土壤团聚体的稳定性。

王瑞等（2021）研究表明，凋落物与蚯蚓粪混施可以显著提高杨树林地土壤团聚体的平均质量直径（MWD），增幅可达 7.92%～27.72%，团聚体的稳定性得到明显改善。也有研究认为，凋落物层对林木天然更新具有物理阻碍作用和化感作用，建议将凋落物清理作为一项林木抚育措施。但是大量研究已证实，凋落物去除后土壤结构性能受到影响，并且不利于林木细根的生长。因此，在生产实践中，凋落物的科学管理对维持生态系统的长期稳定性和生产力具有重要意义。

不同林分下土壤团聚体组成所表现的差异主要由于凋落物数量和质量的不同。一般来说，阔叶树凋落物数量多且树叶占的比例大，在70% 以上，含水率高、养分元素含量丰富有利于土壤动物和微生物的生存活动和繁衍，故其凋落物的破碎分解比较快，归还给林地的土壤有机物质或腐殖质质量好，这不仅对土壤团聚体形成起着良好的胶黏剂作用，而且其中含有的丰富的有机营养物质易于进一步转化释放，供林木吸收利用。针叶树种凋落物含有蜡质和萜烯类物质，含水率较低，C/N比高，分解速率远比阔叶树凋落物慢，而且多形成半分解粗腐殖质，养分含量相对低很多，即使是完全分解的有机质使黏粒聚合成团聚体，也往往是不稳定的，遇水易破碎分散（陈楚莹等，2004）。

三、凋落物对土壤水热微环境的影响

土壤温度和水分是影响植物生长的两大重要生态因子。凋落物的去

除和增加通过改变土壤微环境，如温度、含水量等，间接影响土壤的碳和养分循环。土壤除自身的保水机制外，还可通过凋落物对水分的吸持和拦截、减少地表蒸发以及改善土壤结构来提高土壤含水率（陈印平等，2005）。森林凋落物影响土壤温度，主要通过阻截太阳辐射以及使土壤与大气温度的隔离。研究表明，尤其是在冬季，凋落物的厚度对林地土壤温度具有深远影响。在温带，凋落物在冬季可使土壤温度的停滞期增加，延迟森林土壤的冻结时间并缩短土壤冻结时段。在云南西双版纳胶园，剔除凋落物的地表和 10cm 深的土壤的平均温度在雾凉季（11月至翌年2月）比对照分别要低 0.4℃和 0.3℃，在干热季（3—4月）比对照分别高 0.7℃和 0.4℃。由此可见，凋落物对西双版纳山地橡胶林表土具有一定的控温效果，在抵御低温、减缓冻害、减少土壤水分蒸散、缓解干旱等方面具有重要作用。

凋落物通过对土壤温度的改变，如土壤温度升高，凋落物分解速率和矿化速率增加，提高了营养元素的可利用性，从而促进植物的生长。在双倍凋落物和常规处理下，微生物分解过程中释放的热量显著高于凋落物去除处理，同时，双倍凋落物和常规处理较高的土壤呼吸速率不仅由于凋落物覆盖具备隔热效应，而且还因为微生物分解释放热量提供了温暖的环境。叶凋落物覆盖可以降低土壤温度，减少土壤日温差和土层温差，提高土壤含水量（郑文辉等，2015）。有学者用 SWEAT 模型对不同林窗下的土壤温度进行了模拟研究，指出在凋落物完好的林地，土壤深度之间的热传导十分稳定，且 5～50cm 各土壤剖面的温度变化甚微（Marthews et al.，2008）。剔除凋落物使得林地表土温度产生更大的日变幅，这种更大的变幅将会导致土壤热量分布在时空上的不均以及温差的显著升高，这样不仅会加重土壤水分蒸散，还影响土壤生物和植物自身的生理活性（卢洪健等，2011）。

四、凋落物对土壤酸化的缓冲效应

酸碱度是土壤的重要属性之一。长期以来，高度工业化的现代社会，大气污染作为新生的环境因子不同程度地作用于森林生态系统，导致土壤的酸化，已成为森林生态系统生产力的一个主要限制因素。林下凋落物层是大气污染物作用于森林土壤亚系统的最先承受者，研究污染物质和森林凋落物的相互作用及其对林地土壤以至林木根系生长的影响无疑是相当重要的。因此，研究凋落物对土壤酸化缓冲作用是相当重要和必要的。

以往普遍认为，凋落物的分解会降低土壤 pH，即凋落物分解过程会释放有机酸造成土壤酸化。然而，李志安等（2003）研究发现，凋落物本身就是一个极强的酸碱缓冲体系，它可以使浸提液酸度保持不变，并对添加的酸碱起到显著的缓冲作用；大叶相思和马占相思两种豆科树种的凋落物 pH 高于土壤酸碱度 2.0 个单位，每年凋落于地表的枯落物层通过缓冲机制可以提高雨水 0.1～0.4 个 pH 单位。陈堆全（2001）的研究认为木荷凋落物通过增加土壤有机质，提高土壤和下渗液的盐基量，降低土壤水解性总酸度，进而提高土壤 pH 及缓解土壤酸化。汪思龙等（1992a、1992b）研究发现，亚热带主要常绿阔叶树木荷叶凋落物盐基含量高于针叶树杉木凋落物，在接受模拟酸雨处理的木荷凋落物分解向土壤中补充更多的盐基离子，并增加土壤有机质，进而提高土壤的缓冲性能。覆盖木荷凋落物的土壤与不覆盖或覆盖杉木凋落物的土壤相比，Al/Ca 比显著下降，经过模拟酸雨处理之后，土壤的酸化程度降低，土壤对酸化的缓冲能力提高。不同凋落物在酸雨的作用下，对树木根系影响不同。覆盖木荷凋落物与覆盖杉木凋落物相比，前者对中小根系生长有显著的促进作用；在已酸化的土壤上覆盖木荷凋落物，不仅对杉木根系生长有显著改善，而且对木荷根系也有明显的恢复作用。常绿阔叶树木荷与针叶树杉木相比较，不仅根系对酸雨抗性较强，而且凋落物对酸雨和土壤酸化的缓冲性能比较强。在酸雨或其他污染物质危害地区，为维持生态系统生产力、改善环境质量，建议营造常绿阔叶林，或在技术或资金允许的条件下，营造针阔混交林。

第二节 森林凋落物对土壤化学性质的影响

一、凋落物对土壤有机碳稳定性的影响

（一）有机碳及其组分

凋落物作为土壤外源有机物，不仅是森林生态系统中物质和能量流动的重要环节，而且其生产、分解及相关过程的变化直接影响着大气中 CO_2 的浓度和陆地碳储量（Rubino et al.，2010），同时凋落物的分解也影响着生态系统碳平衡。据估算，全球每年因凋落物分解释放的 CO_2 量为 $50 \times 10^9 t$，约占全球碳年通量总量的 70%（Palviainen et al.，2004）。凋落物在土壤碳动态转化中发挥着重要作用。凋落物碳在土壤碳库的动态变化见图 4-1（苏卓侠等，2022）。

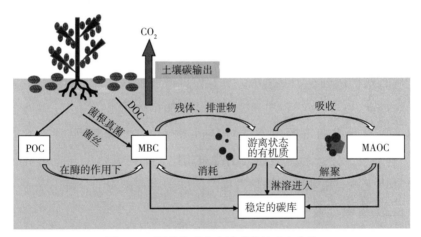

图 4-1 凋落物碳在土壤碳库的动态变化

注：DOC 表示溶解性有机碳；POC 表示颗粒态有机碳；MBC 表示微生物量碳；MAOC 表示矿质结合态有机碳。

凋落物碳是森林表层土壤有机碳库的主要来源。凋落物分解对有机质形成的贡献主要通过两个路径：①高质量凋落物（通常是水溶性碳）快速降解，在稳定于矿质结合态有机质之前，被微生物或其他土壤有机体同化。②植物结构性物质被机械拉开，直接通过物理方式掺入下层矿

物土壤的颗粒有机质中（McBride et al.，2020）。较高的生物量或凋落物产量并不意味着较高的土壤有机碳储量。凋落物分解过程中产物去向决定了土壤有机碳的赋存状态。高质量的凋落物，其分解产物向土壤转移的比例更高（Xiong et al.，2020）。高质量的凋落物去除后，减少了微生物有机质供应，从而影响了微生物的生长和功能，使土壤变得贫瘠（Li，1996）。

研究表明，增加凋落物输入量对土壤有机碳含量的影响主要表现为增加或影响不显著（Fang et al.，2015）。王晓峰等（2013）研究了杉木凋落物对土壤有机碳分解的影响，结果表明，杉木人工林深层土壤有机碳的分解对杉木凋落物的响应高于表层土壤，在杉木人工林经营过程中，将深层土壤翻到表层后，由于凋落物激发效应的诱导，加速了土壤有机碳库的损失。Mitchell 等（2020）采用 ^{13}C 同位素标记植物残体，追踪新鲜植物残体进入土壤碳组分中的命运，结果表明，植物残体输入使土壤中源于凋落物的有机碳含量增加 4～5 倍，同时也抑制了原有有机碳的激发效应。此外，凋落物分解过程中所释放的挥发性有机碳化合物能够直接扩散到土壤基质中，具有促进稳定矿质结合态有机质形成的潜力，因此，这种挥发性有机碳化合物可能是植物源碳进入土壤并促进土壤有机质形成的重要机制（McBride et al.，2020）。另外，王瑞等（2021）研究认为，与凋落物表层覆盖相比，杨树凋落叶与土壤混合处理会加快土壤有机质的腐殖化进程，促进土壤有机质的分解。

（二）土壤呼吸

土壤呼吸是土壤碳库向大气排放 CO_2 的主要途径，凋落物是土壤呼吸的重要碳源，其通过改变土壤微环境条件，增加土壤碳的有效性，影响根系生长和土壤微生物结构和功能等，进而影响土壤呼吸过程（苏卓侠等，2022）。关于凋落物分解对土壤呼吸的影响已有大量的研究报道，大多数研究认为添加凋落物能促进土壤呼吸。Chemidlin 等（2010）在法国落叶林为主的森林生态系统中开展研究表明，添加凋落物对土壤呼吸速率的激发效应可以持续一年之久，其年均土壤呼吸速率较对照增加了 32%。张彦军等（2020）基于 Meta 分析研究了土壤呼吸对凋落物输入的响应，结果表明，凋落物输入后显著增加了土壤呼吸，且土壤呼吸的增加程度呈现出倍增凋落物处理是自然凋落物处理的 1.33 倍。张彦军等（2020）总结了凋落物输入导致土壤呼吸增加的原因可能有：①凋落物输入后为土壤中微生物提供了大量的可利用碳源和营养元素，即提高了底物的有效性；②新鲜凋落物输入后会对原始土壤有机质产生激发效应；③凋落物输入后会改变土壤的微环境和土壤理化性质，进而导致土壤呼吸的增加。

凋落物输入后土壤呼吸的增加幅度还受凋落物管理措施（白英辰等，2017；陈毅等，2018；葛晓改等，2018）、季节变化（王光军等，2009）、气候（周利军等，2014）、植被（李晓杰等，2015；段北星等，2018）、海拔地形（孙轶等，2005；Tian et al.，2019）、土壤性质（徐洪灵等，2012）等因素的影响。

此外，凋落物输入还会引起 SOM（土壤有机质）分解温度敏感性（Q_{10}）的变化。土壤有机碳分解的 Q_{10} 对预测生态系统碳循环、对全球气候变化的响应具有重要意义。较多的研究发现难分解有机碳的 Q_{10} 大于易分解有机碳的 Q_{10}。例如，Wang 等（2016）的研究表明针叶林土壤的 Q_{10} 由不增加凋落物处理的 2.41 降低到增加凋落物处理的 2.05，阔叶林土壤 Q_{10} 由 2.14 降低到 1.82，表明增加凋落物降低了 Q_{10}。这一现象可以用碳-质量-温度（CQT）假说来进行解释，即复杂碳底物的分解需要更高的总活化能，因此，复杂碳底物比简单的碳底物的分解对温度的升高更为敏感。另外，也有研究发现难分解有机碳的 Q_{10} 并不比易分解有机碳的 Q_{10} 值高，如两种凋落物处理的土壤碳分解均比单纯土壤处理对温度更敏感（Creamer et al.，2015）。综上所述，关于凋落物分解对土壤有机质分解的温度敏感性仍需深入研究。

二、凋落物对土壤氮的影响

土壤氮占森林氮贮量的 90% 以上，但能被植物吸收利用的无机氮

仅占土壤全氮的 $1\%\sim5\%$，是最易耗竭和限制植物生长的营养元素之一。氮素又是森林生态系统中主要的生长限制因子，与森林群落组成、生产力、植物多样性等都具有密不可分的关系。凋落物所含有机氮作为土壤氮的重要来源之一，其经过矿化作用形成森林土壤有效氮。另外，凋落物中的可溶性物质和碳水化合物可作为土壤矿物质氮素的源和库，是养分归还土壤最主要的途径（马红亮等，2013）。王梦思等（2018）研究表明，保留凋落物处理可显著增加土壤水溶性氮，且有利于惰性氮的分解，而去除凋落物处理有利于惰性氮的积累，不利于土壤氮的矿化。

郭晓伟等（2020）研究了长期地上凋落物处理对油松-辽东栎混交林表层土壤碳氮组分的影响，结果发现，长期凋落叶加倍处理和混合凋落物加倍处理均显著增加了土壤总有机碳、全氮、大团聚体（250～2 000μm）和微团聚体（53～250μm）碳、氮组分含量。去除根系和凋落物后，土壤全氮和有机层土壤氮储量均显著降低，全氮含量的下降可能是由于凋落物和根系等外源基质降低后，土壤中易变性氮组分等输出增加，以淋溶或气体等形式损失（Wang et al.，2013）。梁艺凡等（2019）研究了滨海防护林氮组分对凋落物和根系去除的响应，结果表明，土壤氮矿化和组分间转化过程对凋落物、根系去除的响应程度和方向因树种不同而异。

凋落物质量，如凋落物的 C/N 比、木质素/N 比、（多酚＋木质素）/N 比以及凋落物氮含量等指标影响森林土壤氮矿化，其中，当凋落物 C/N 比较低时，细菌生长受到碳含量限制，而此时氮源充足，氮的固化作用低；而当 C/N 比较高时，凋落物分解缓慢，在土壤中形成高 C/N 比的酸性腐殖质层，产生抑制硝化的物质，导致土壤净氮矿化和硝化速率低（Andrianarisoa et al.，2010）。此时，细菌生长的环境处于缺氮条件，须从土壤中吸收无机氮进行生物固定。另外，还有研究指出，凋落物 C/N 比与土壤氮转化呈负相关，而凋落物的木质素/N 比与土壤氮呈线性或非线性负相关（Taylor et al.，1989；彭少麟等，2002）。

叶片的酚类化合物，如木质素、单宁等次生代谢物会抑制微生物生长，进而降低有机质分解和净氮矿化、硝化速率（Smolander et al.，2012）。此外，净氮矿化作用随凋落物中木质素/N 比升高而呈非线性下降，随木质素含量升高呈直线下降，因此，对于肥力差的土壤，在施用有机肥时，可选用低木质素的有机物，或者含氮量高的有机物，以促进土壤氮矿化速率。另外，凋落物质量对土壤净氮矿化效应有良好的指示作用，与土壤全氮矿化呈正相关关系。因此，为了提高土壤氮有效性，可适当混合不同质量的凋落物施入森林中，或者种植混交林，使氮含量增加，从而使 C/N 比、木质素/N 比等降低，以达到提高森林土壤肥力和生产力的目的（陈印平等，2005）。

第三节　森林凋落物对土壤生物群落的影响

一、凋落物对土壤动物群落的影响

土壤动物是陆地生态系统的重要组成部分，通过自身活动与摄食参与土壤有机质分解和矿化，改善土壤结构，调控地上与地下生物间的物质和能量循环。凋落物是土壤养分的直接来源，也是土壤动物食物的主要来源。在凋落物分解进程中，凋落物类型和分解时间均对土壤动物群落结构有显著影响。一般来说，凋落物对土壤动物的影响包括数量和质量两个方面。前者如凋落物添加会对不同分解阶段的土壤动物的迁入速率、群落结构、多度变化产生影响（Wardle，2002）；后者如凋落物的化学组成、混合凋落物等对土壤动物群落结构、活动强度等产生影响（Jiang et al.，2013）。

凋落物分解是一个连续变化的过程，这一过程中凋落物基质质量的变化通常会影响参与分解的土壤生物群落，可能导致分解过程中土壤动物群落变化特征出现较大的变异性（刘静如等，2021；Huang et al.，2020）：①新鲜凋落物由于其分解初期高的养分含量，为微生物的繁殖创造条件，该阶段土壤动物群落结构较为简单（龙健等，2019）；②随着凋落物的分解，以植物碎屑和以微生物为食的土壤动物类型数和个体数量显著增加（Bray et al.，2012）；③到分解后期，凋落物基质质量降低，不同取食功能类群的土壤动物以及部分稀有类群的参与可能进一步提升碎屑食物链的多样性，此时，凋落物可食性的降低造成部分土壤动物类群迁移，进而影响土壤动物群落结构（徐璇等，2019）。

袁志忠等（2013）利用土壤动物在土壤质量评估中的优良特性，对添加凋落叶如何影响土壤动物的属性及相应的生物学质量进行了研究，结果显示，添加凋落物显著提高了土壤的生物学质量值，土壤动物的群落个体数（多度）得到提升，且未添加凋落物处理未捕获到地蜈蚣、猛水蚤、鳞翅目幼虫以及伪蝎目、同翅目等动物，但添加凋落物处理没有引起土壤动物群落明显的分组现象。

刘静如等（2021）研究了凋落叶类型对土壤节肢动物群落的影响，结果表明，亚热带麻栎和柳杉林凋落叶分解过程中，土壤节肢动物类群数量具有相似的动态变化过程，2种凋落叶分解过程中土壤节肢动物总体以菌食性数量比例最高，腐食性最低，且随凋落叶分解进程，植食性土壤节肢动物占比明显下降，菌食性动物占比则上升。另外，与阔叶树种相比，针叶树种凋落叶对土壤节肢动物的特定类群依赖程度更高；针叶凋落物的C/N比、木质素/N比、萜类及酚类物质含量比阔叶凋落物高，这种凋落物基质质量会降低自身的分解速率，也会限制土壤动物群落在凋落物中的生长和繁衍（Zhang et al.，2008；Xiao et al.，2019）。袁志忠等（2013）研究表明，不同类型凋落物的初始基质质量差异明显，如针叶表面一般为厚革质，具有较厚蜡质层，角质层较发达，含有较多木质素、纤维素和单宁等物质，会影响土壤动物的粉碎作用以及土壤动物在凋落物中的定着和繁殖，最终影响土壤动物群落结构及其多样性。

二、凋落物对土壤微生物群落的影响

凋落物分解的主要参与者是土壤微生物，在凋落物分解过程中，微生物把大分子有机物分解为能够被植物吸收利用的小分子物质，对植物生长和土壤改良等起着重要作用。凋落物的数量与质量、组成、多样性等都会影响土壤微生物的群落结构。

研究凋落物多样性及组成对土壤微生物群落的影响，不仅有助于了解凋落物分解的内在机制，而且可为退化生态系统的恢复提供理论参考。王小平等（2019）研究发现，凋落物物种多样性对细菌含量（B）具有显著影响，而凋落物组成对真菌含量（F）具有显著影响，两者对F/B比以及微生物总量均无显著影响。另外，凋落物组成与凋落物分解相关指标（凋落物质量、C 残余率、N 残余率及 C/N 比）和土壤微生物（细菌、真菌）含量的相关关系高于凋落物物种多样性。不同凋落物处理下，土壤微生物群落代谢活性和土壤微生物对碳源利用程度具有显著差异，糖类和氨基酸类是土壤微生物的主要碳源；双倍凋落物添加在短期内对土壤微生物多样性影响难以达到显著水平，且在一定程度上对土壤微生物的代谢活性具有抑制的作用（王利彦等，2021）。

分解袋法研究凋落物分解过程中，网袋孔径大小影响微生物数量的动态变化。金龙等（2016）对海南橡胶园凋落物的研究发现，微生物在小孔径网袋内的增速和降速均要高于大孔径网袋。主要由于在凋落物分解前期，可利用的营养和能源物质丰富，刺激了大、小孔径网袋内的微生物快速增长，但大孔径网袋中由于受到土壤动物的捕食压力，微生物总数较小孔径网袋中的小。随着易分解物质的消耗、难分解物质的积累以及气候环境的改变，微生物数量在分解中后期快速降低，食物和土壤动物的双重压力加速了大孔径网袋内微生物的演替，同时土壤动物的迁入也会带入更多的土著微生物。

第四节　实例研究Ⅲ——橡胶林凋落物分解对林地土壤理化性质的影响

凋落物不仅作为营养物质的重要储存库，对森林生态系统养分循环、生产力维持具有重要作用（Xue et al.，2019），同时也在降雨截留、涵养水源、阻缓径流以及抑制蒸发方面发挥着不可替代的生态学作用（王波等，2009；Gabarrón-Galeote et al.，2012）。研究表明，森林生态系统中，净第一性生产力的 50%～99%以凋落物等形式通过分解系统的分解回归到土壤，实现养分和物质的再循环（Schlesinger，1997）。凋落叶的分解肩负着森林生态系统养分和能量的供应，也是作为土壤有机养分积累和碳平衡的关键环节（Austin et al.，2010）。因此，充分理解森林凋落物的分解，实现森林生态系统的自肥作用，对森林培育具有十分重要的意义。

橡胶林生态系统作为一个开放的人工森林系统，是我国热带地区重要的经济人工林生态系统类型之一，每年有大量的枯枝枯叶凋落，并在该系统中分解、循环。橡胶树凋落物储存的营养物质对生产实践中合理施肥具有指导意义。以往研究重点关注凋落物的分解速率及其对环境因素的响应，而针对凋落物分解期间土壤理化性质动态变化的关注较少（赵春梅等，2012）。我国植胶区环境复杂，平地、丘陵及山地并存，前期研究发现，受降雨、水分、光照等因素的影响，平地和坡地条件下，凋落叶的分解速率、养分释放规律存在明显的差异（薛欣欣等，2019），但橡胶林全生产周期内凋落叶分解对土壤理化性质的影响仍不清楚。因此，本研究选取平地和坡地不同地形条件，系统分析凋落叶覆盖下胶园土壤理化性质的动态变化及其差异，以期为我国橡胶园养分高效管理提供理论依据。

一、研究方法

（一）试验点概况

试验点位于海南省儋州市中国热带农业科学院试验场，地处 $109°49'E$、$19°48'N$，该地区处于东亚大陆季风气候的南缘，属热带湿润季风气候，5—10 月为雨季，11 月至翌年 4 月为干季，年均日照时数 2 000h 以上，年均气温为 23.5℃，年均降水量为 1 623mm，其中 2017 年年均气温为 24.4℃，年总降水量为 2 068.6mm（图 4-2）。该地区由丘陵、平原和山地三部分构成，丘陵占 76.50%，平原占 23.13%，山地占 0.37%，海拔大部分在 200m 以下。土壤类型为花岗岩发育的砖红壤，主要人工林植被类型为天然橡胶林。

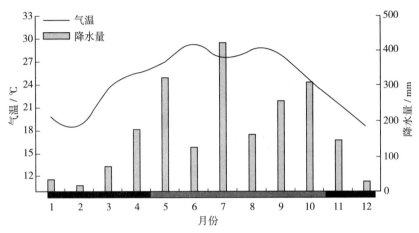

图 4-2 试验点 2017 年气候条件（数据来源：中国气象数据网）
注：横坐标底部黑色和灰色分别表示旱季和雨季。

（二）试验设计

2017 年 3 月（橡胶树落叶期）在试验林地采用落叶收集器（由长×宽×高为 1m×1m×1m 的尼龙网制成，离地面 50cm）收集橡胶树自然凋落叶，将其带回实验室并进行风干备用。准确称取 10g，装进长×宽为 20cm×10cm 的 1mm 孔径的尼龙网袋中，备用。

试验从 2017 年 4 月 1 日开始，在试验林地选择平地和坡地（坡度约 20°）相邻的两块管理一致的橡胶园，橡胶树株行距为 3m×7m，两块试验样地面积约为 200m²。供试林地橡胶树于 2006 年定植，品种为热研 7-33-97，树围约 60.0cm，郁闭度 85%，林下主要植被为假蒟。试验设 4 个处理：①平地凋落叶去除处理（CK_F）；②平地凋落叶覆盖处理（T_F）；③坡地凋落叶去除处理（CK_S）；④坡地凋落叶覆盖处理（T_S）。平地和坡地尼龙网袋分别为 72 袋，每个处理 3 次重复。覆盖处理是将已装好凋落叶的尼龙网袋均匀放置于橡胶树行间距树干约 1m 的位置，并固定，要求尼龙网袋与土壤平行接触，各尼龙网袋间距约 50cm,尼龙网袋放置前将地表原有的凋落物清除干净;去除凋落叶处理为将凋落叶人为去除。凋落叶初始全量养分含量为碳43.81%、氮1.75%、C/N 比25.03、磷0.114%、钾1.207%。试验地的土壤基础理化性质如表4-1所示。

表4-1 土壤基础理化性质

地形	pH	有机碳/ (g/kg)	全氮/ (g/kg)	C/N 比	有效磷/ (mg/kg)	速效钾/ (mg/kg)
平地	4.60	14.5	0.92	15.8	2.77	75.8
坡地	5.12	12.5	0.73	17.1	2.56	73.2

(三)土壤样品采集及测定

试验开始后,分别于15d、30d、60d、90d、120d、150d、210d、270d采集凋落叶去除处理和覆盖处理尼龙网袋下的表层(0~10cm)土壤样品,带回实验室,风干,过筛后采用常规方法测定土壤理化性质。含水率采用烘干法测定;pH 采用电位法,水土比2.5:1,用酸度计测定;土壤有机碳含量采用重铬酸钾-容量法测定;全氮含量采用硫酸-双氧水消煮、凯氏法测定;有效磷含量采用盐酸-氟化铵法测定;速效钾含量采用乙酸铵浸提-火焰光度计法测定(鲍士旦,2000)。

(四)数据统计方法

数据采用 Origin8.0 绘图,SPSS20.0 软件进行统计分析,LSD 法进行多重比较。

二、结果

(一)土壤自然含水率

凋落叶分解过程中土壤含水率的变化如图4-3所示。平地(图4-3A)和坡地(图4-3B)凋落叶去除处理的表层土壤含水率变幅分别为13.4%~21.9%和11.1%~15.8%,凋落叶覆盖处理变幅分别为13.9%~22.5%和13.6%~20.3%,最大土壤含水率均出现在7月,平地含水率高于坡地。与凋落叶去除处理（CK$_F$和CK$_S$）相比，凋落叶覆盖处理均不同程度增加了土壤含水率，平地（T$_F$）和坡地（T$_S$）增幅分别为2.2%～13.4%和−2.2%～61.2%，坡地含水率增幅高于平地。

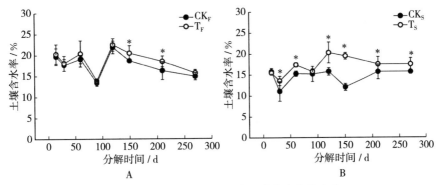

图4-3　凋落叶分解过程中土壤含水率的变化

A. 平地　B. 坡地

注：CK$_F$、T$_F$、CK$_S$、T$_S$分别表示平地凋落叶去除处理、平地凋落叶覆盖处理、坡地凋落叶去除处理和坡地凋落叶覆盖处理；＊表示在$P<0.05$水平上差异显著，下同。

土壤含水率与降水量的关系如图4-4所示。本书将线性方程的斜率作为土壤持水能力的判断依据，由各线性方程的斜率可以看出，平地条件下的斜率（0.015 9、0.016 9）明显高于坡地（0.004 1、0.006 9），

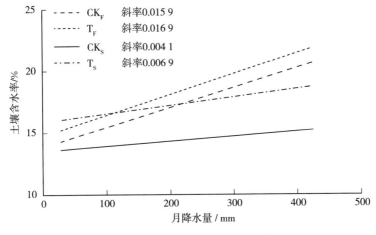

图4-4　土壤含水率与降水量的关系

凋落叶覆盖处理的斜率则高于凋落叶去除处理。同时，凋落叶覆盖处理较凋落叶去除处理的斜率增幅表现为坡地大于平地。

（二）土壤 pH

由图 4-5 可知，随着凋落叶分解时间推进，平地（图 4-5A）和坡地（图 4-5B）的 pH 变化规律存在异同，平地呈"单峰"的变化特征，而坡地则呈双峰的变化特征，但二者均在分解后 60d 出现峰值。平地和坡地凋落叶去除处理的 pH 变幅分别为 4.54～5.21 和 4.66～5.44，而凋落叶覆盖处理变幅分别为 4.67～5.73 和 4.91～5.67。与凋落叶去除处理相比，凋落叶覆盖处理的 pH 均有所提高，平地和坡地分别提高了 0.09～0.74 和 −0.09～0.47 个单位，平地增幅大于坡地。

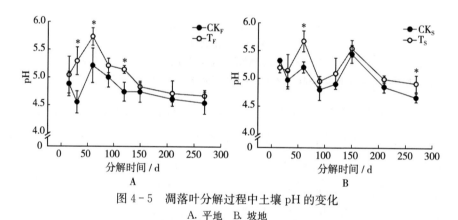

图 4-5　凋落叶分解过程中土壤 pH 的变化
A. 平地　B. 坡地

（三）有机碳、全氮和 C/N 比

凋落叶分解过程中土壤有机碳含量、全氮含量和 C/N 比的变化如图 4-6 所示。随分解时间推进，平地（图 4-6A、图 4-6B、图 4-6C）和坡地（图 4-6D、图 4-6E、图 4-6F）条件下的土壤有机碳含量、全氮含量和 C/N 比的变化波动较大。平地胶园凋落叶去除和覆盖条件下土壤有机碳含量变幅分别为 6.22%～10.63% 和 8.79%～12.65%，全氮含量变幅分别为 6.16～11.18g/kg 和 8.68～12.35g/kg，C/N 比变幅分别为 9.15～11.38 和 9.69～11.74；坡地胶园凋落叶去除和覆盖条件下的土壤有机碳含量变幅分别为 5.50%～7.92% 和7.99%～12.14%，全氮含量变幅分别为 6.49～8.03g/kg 和 7.74～11.02g/kg，C/N 比变幅分别为 7.61～10.85 和 9.73～12.04；平地胶园土壤有机碳含量和全氮含量整体高于坡地。与凋落叶去除处理相比，凋落叶覆盖处理的土壤有机碳含量、全氮含量以及 C/N 比均有不同程度的增加，平地条件下增幅分别为 6.9%～68.5%、3.0%～44.8% 和 3.9%～16.2%，而坡地条件下增幅分别为 23.3%～95.0%、3.5%～52.5% 和 7.6%～27.9%，坡地增幅大于平地。

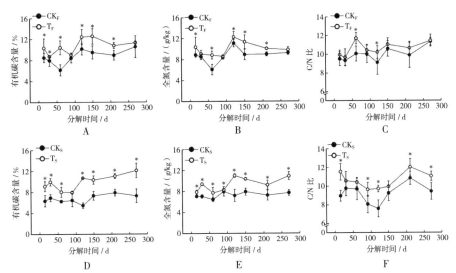

图 4-6 凋落叶分解过程中土壤有机碳含量、全氮含量和 C/N 比的变化

注：A、B、C 分别表示平地条件下表层土壤有机碳含量、全氮含量和 C/N 比；D、E、F 分别表示坡地条件下表层土壤有机碳含量、全氮含量和 C/N 比。

（四）有效磷和速效钾

平地条件下（图 4-7A、图 4-7B），凋落叶覆盖（T_F）对表层土壤有效磷和速效钾含量（15～150d）均有不同程度的提高作用，增幅分别为 6.2%～48.1% 和 16.4%～83.3%；坡地条件下，凋落叶覆盖对表层土壤有效磷（图 4-7C）无显著影响，而对分解前期的土壤速效钾有显著提高（15～150d）的作用，增幅为 12.8%～94.8%。平地和坡地条件下，随着分解时间的推进，CK_F、CK_S 处理速效钾在 30d 之后波动较小，而凋落叶覆盖条件下的 T_F 和 T_S 处理则表现为下降的趋势。

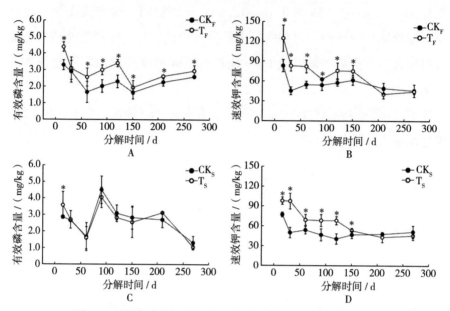

图 4-7　凋落叶分解过程中土壤有效磷和速效钾含量的变化

　　注：A、B 分别表示平地条件下表层土壤有效磷含量和速效钾含量；C、D 分别表示坡地条件下表层土壤有效磷含量和速效钾含量。

三、讨论

（一）凋落物覆盖的水文效应

　　森林凋落物层是森林生态系统的重要组成部分，由于其具有较多的微孔隙，因而具有较强的固持水分能力，将其覆盖于地表可抵挡降雨的击溅，阻缓径流，拦蓄泥沙，减轻面蚀等，同时还能抑制土壤水分的蒸发，起到很好的蓄水、保水作用（罗雷等，2005）。以往研究表明，0～10cm 土层土壤含水率最高，该土层持水性能较强，该土层与凋落物直接接触并受影响最大（朱丽琴等，2015），因此，本书以橡胶园表层0～10cm 表层土壤为分析对象。研究发现，土壤含水率与降水量呈正相关关系，最大土壤含水率出现在降水量最高的 7 月，该结果与前人的研究结果相似（包贺喜吐，2010）。另外，橡胶凋落叶覆盖可明显提高表层土壤的含水率，平地增幅最高可达 13.4%，坡地增幅最高可达 61.2%，坡地条件下凋落叶覆盖的保水作用比平地条件下显著增强。王冬等（2015）研究表明，具有凋落物的处理能够有效延缓地表径流的产生，耕地退耕后凋落物的增加显著改善了地表土壤的持水能力，提高了表层土壤含水量，同时还显著降低了土壤表层水分的蒸发。周丽丽等（2012）研究表明，老林龄的杉木凋落物层具有现存量大、持水量大、吸水速率强等特点，具有较强的生态水文功能。林地去除凋落物层后，油松林地径流量比原林分增加了 1.96 倍，冲刷量增加了 2.87 倍；山杨林地径流量比原林分增加了 1.67 倍，冲刷量增加了 8.15 倍（朱金兆等，2002）。本书研究的橡胶园位于我国南端的海南省境内，该区域年降水量大，植胶区域地形复杂多变，以丘陵地居多，水土流失风险大，因此，橡胶生态系统中凋落物覆盖有利于涵养水源、减少水土流失。

（二）凋落物覆盖有利于缓解土壤酸化

土壤 pH 决定了土壤酸碱状况，是土壤重要的化学性质，影响着土壤生态环境（黄容等，2016）。研究表明，与凋落叶去除处理相比，凋落叶覆盖处理的表层土壤 pH 均有所提高，平地和坡地分别提高了 0.09～0.74 个单位和－0.09～0.47 个单位，该结果与汪思龙等（1992a）的研究结果相似，其研究表明凋落叶覆盖下 pH 增加，究其原因主要是凋落叶分解释放大量的盐基离子进入土壤，提高了土壤的盐基饱和度，而盐基饱和度是与土壤酸度有关的主要土壤化学性质之一，盐基饱和度的提高标志着土壤增强了对酸化的缓冲能力；凋落叶释放出的有机碳进入土壤，提高了土壤有机碳含量（意味着土壤阳离子交换量的增加），因此，也可以解释凋落叶覆盖提高了土壤对酸化的缓冲能力。同时，有机质的增加还可通过 Al-有机螯合物来减轻土壤酸化。另外，黄容等（2016）研究表明秸秆覆盖对 pH 也有明显的提高作用，尤其是秸秆全量还田对 pH 改善效果最佳。由此可见，凋落叶（植物残体）覆盖下的土壤酸化程度降低，土壤对酸化的缓冲能力得到提高。

（三）凋落物覆盖改善土壤养分状况

研究表明，与去除凋落叶处理相比，凋落叶覆盖处理下，平地和坡地有机碳增幅分别为 6.9%～68.5% 和 23.3%～95.0%。土壤有机碳是评价土壤肥力的重要指标，橡胶凋落物含有丰富的有机成分和营养元素，其中有机碳含量达 40% 以上（N'Dri et al.，2018）。凋落物覆盖后有利于微生物的繁殖，形成微生物的活动层，进而促进了凋落物有机态养分的释放，从而增加土壤有机碳含量（Riutta et al.，2012）。陈平等（2018）研究表明，添加凋落物可以提高土壤有机碳含量，并提高其向微生物量碳的转化效率，进而增加了土壤中可以被植物吸收利用的速效养分，这对提高土壤生产力具有重要作用，进而影响森林生态系统碳循环进程。研究还表明，凋落叶覆盖可不同程度提高土壤全氮含量、速效养分含量，其中，有效磷和速效钾在凋落叶分解前期的增幅较大，后期降低，该结果较好地验证了前期研究的凋落叶分解规律（薛欣欣等，2019）。另外，地形是土壤形成和发育的关键控制因子，影响着土壤养分状况。研究发现，不同地形条件下凋落叶覆盖对土壤养分的影响程度存在差异，平地胶园表层土壤有机碳和全氮等养分状况优于坡地，地形因子与土壤之间主要通过径流、侵蚀和生物循环引起的物质与能量的空间再分配，进而影响土壤养分的积累和循环过程，然而土壤养分往往与坡度呈负相关（Sumfleth et al.，2008；Zhang 等，2007）。综上所述，凋落叶覆盖使土壤有机碳、全氮含量提高，但仅局限于表观现象，如何解释土壤碳、氮的增加机制还需进一步研究。

四、结论

（1）橡胶凋落叶覆盖使土壤 pH、含水率、有机碳含量、全氮含量以及速效养分得到明显的提高，有利于缓解土壤酸化、提高土壤保水能力、改善土壤养分状况。

（2）土壤自然含水率与降水量呈正相关关系，坡地凋落叶覆盖含水率增幅大于平地；凋落叶覆盖条件下，土壤有机碳和全氮含量增幅表现为坡地大于平地，而 pH 和速效养分含量增幅却表现为平地大于坡地。

（3）凋落叶覆盖条件下，土壤速效钾含量随分解时间推进呈逐渐降低的趋势，分解前期由于凋落物钾离子的释放，其土壤速效钾含量显著高于凋落叶去除处理，后期增幅逐渐减小。

五、存在问题与展望

凋落物是改善土壤结构、养分状况的重要物质。本章通过分析国内外关于凋落物与土壤肥力关系的相关研究，发现国内的相关研究在初期主要集中在森林凋落物分解对土壤养分变化等方面，近年来，研究热点转移到了凋落物化学特性、土壤呼吸、土壤酶活性、土壤微生物群落以及全球环境变化下碳、氮沉降的相关机制等方面。与国外相比，国内关于微生物群落及其相关的功能等方面的研究尚且不足，对生物与非生物间的关联机制仍亟须深入研究（黄彩凤等，2021）。总体来看，今后的研究应重点关注以下几个方面：①森林凋落物对土壤生态系统的影响是多因素综合作用的结果，因此应注重加强研究的综合性和长期性，如开展长期定位监测，加强凋落物分解过程中有机碳含量和释放量的研究等，对森林生态系统碳预算具有重要的科学意义；②进一步深入研究森林凋落物对土壤生态功能的作用机制，特别是可溶性有机质、土壤微生物及酶活与凋落物环境变化间的影响机制；③关注热带风暴造成的非正常凋落物输入对土壤碳储存的影响、地质灾害等对森林碳素的掩埋储存效应等；④进一步关注凋落物分解、土壤营养元素归还以及化学元素转变所带来的气候改变、对环境的污染程度及其对人类生存环境的影响，这有助于改善当前的植物生境和人类居住环境，更好地促进两者和谐、可持续发展（张俊等，2020）。

参 考 文 献

白英辰，陈晶，康峰峰，等，2017. 模拟氮沉降下不同凋落物处理对太岳山华北落叶松林土壤呼吸的影响.中南林业科技大学学报,37(4):92-99.

包贺喜吐,2010.草地雀麦种植对坡地土壤水分动态变化的影响.中国草地学报,32(3):39-44.

鲍士旦,2000.土壤农化分析.北京:中国农业出版社.

陈楚莹,汪思龙,2004.人工混交林生态学.北京:科学出版社:120-121.

陈堆全,2001.木荷凋落物分解及对土壤作用规律的研究.福建林业科技,28(2):35-38.

陈平,赵博,杨璐,等,2018.接种蚯蚓和添加凋落物对油松人工林土壤养分和微生物量及活性的影响.北京林业大学学报,40(6):63-71.

陈毅,闫文德,郑威,等,2018.模拟氮沉降凋落物管理对樟树人工林土壤呼吸的影响.生态学报,38(21):7830-7839.

陈印平,潘开文,吴宁,等,2005.凋落物质量和分解对中亚热带栲木荷林土壤氮矿化的影响.应用与环境生物学报,11(2):146-151.

段北星,满秀玲,宋浩,等,2018.大兴安岭北部类型落叶松林土壤呼吸及其组分特征.北京林业大学学报,40(2):40-50.

傅静丹,薛立,郑卫国,等,2009.加勒比松凋落物对土壤性状的影响.林业科学研究,22(2):303-307.

葛晓改,童冉,曹永慧,等,2018.模拟干旱下凋落物输入对毛竹林土壤呼吸及温度敏感性的影响.应用生态学报,29(7):2233-2242.

郭晓伟,张雨雪,张潇,等,2020.长期地上凋落物处理和氮添加对油松-辽东栎混交林表层土壤碳氮组分的影响.环境科学学报,40(7):2589-2598.

黄彩凤,梁晶晶,张燕林,等,2021.森林凋落物特性及对土壤生态功能影响研究进展.世界林业研究,34(4):20-25.

黄容,高明,万毅林,等,2016.秸秆还田与化肥减量配施对稻-菜轮作下土壤养分及酶活性的影响.环境科学,37(11):4446-4456.

金龙,吴志祥,杨川,等,2016.不同环境下橡胶凋落叶分解的微生物研究.森林与环境学报,36(1):73-79.

李晓杰,刘小飞,熊德成,等,2015.中亚热带森林土壤呼吸对凋落物添加与去除的响应.中国科技论文在线,1-8.https://xueshu.baidu.com/usercenter/paper/show?paperid=16e224f0fc656645e6d9351efadade38.

李志安,曹裕松,邹碧,等,2003.华南重要人工林及地带性森林凋落物酸碱缓冲能力. 植物学报，45（12）：1398-1407.

梁艺凡，万晓华，桑昌鹏，等，2019. 滨海防护林土壤氮组分对凋落物和根系去除的响应. 森林与环境学报，39（2）：127-134.

刘静如，郭可馨，谌亚，等，2021. 亚热带森林凋落叶分解过程土壤节肢动物群落的变化特征. 生态学报，41（7）：2770-2782.

龙健，张明江，赵畅，等，2019. 土壤动物对茂兰喀斯特森林凋落物分解过程中元素释放的作用. 生态学杂志，38（9）：2671-2682.

卢洪健，刘文杰，罗亲普，2011. 西双版纳山地橡胶林凋落物的生态水文效应. 生态学杂志，30（10）：2129-2136.

吕思扬，宋思意，黎蕴洁，等，2022. 氮添加和凋落物增减对华西雨屏区常绿阔叶林土壤团聚体及其碳氮的影响. 水土保持学报，36（1）：277-287.

罗雷，何丙辉，2005. 森林凋落物的水文生态效应浅议. 水土保持科技情报，5：12-16.

马红亮，闫聪微，高人，等，2013. 林下凋落物去除与施氮对针叶林和阔叶林土壤氮的影响. 环境科学研究，26（12）：1316-1324.

彭少麟，刘强，2002. 森林凋落物动态及其对全球变暖的响应. 生态学报，22（9）：1534-1544.

苏卓侠，苏冰倩，上官周平，2022. 植物凋落物分解对土壤有机碳稳定性影响的研究进展. 水土保持研究，29（2）：406-413.

孙轶，魏晶，吴钢，等，2005. 长白山高原冻原土壤呼吸及其影响因子分析. 生态学杂志，24（6）：603-606.

汪思龙，陈楚莹，1992a. 森林凋落物对土壤酸化缓冲作用的初步研究. 环境科学，13（5）：25-30.

汪思龙，陈楚莹，1992b. 凋落物对土壤酸化的缓冲及其对根系生长的影响. 生态学杂志，11（4）：13-19.

王波，张洪江，杜士才，等，2009. 三峡库区天然次生林凋落物森林水文效应研究. 水土保持通报，23（3）：83-87.

王冬，杨政，郝红敏，等，2015. 黄土区退耕草地凋落物-土壤界面水分过程特征研究. 水土保持研究，22（1）：80-84.

王光军，田大伦，闫文德，等，2009. 马尾松林土壤呼吸对去除和添加凋落物处理的响应. 林业科学，45（1）：27-30.

王利彦，周国娜，朱新玉，等，2021. 凋落物对土壤有机碳与微生物功能多样性的影响. 生态学报，41 (7)：2709 - 2718.

王梦思，林伟，马红亮，等，2018. 凋落物和氮添加对亚热带森林土壤浸提氮组分的影响. 生态环境学报，27 (10)：1843 - 1851.

王瑞，王国兵，徐瑾，等，2021. 凋落物与蚯蚓对杨树人工林土壤团聚体分布及其碳氮含量的影响. 南京林业大学学报（自然科学版），45 (3)：25 - 29.

王小平，杨雪，杨楠，等，2019. 凋落物多样性及组成对凋落物分解和土壤微生物群落的影响. 生态学报，39 (17)：6264 - 6272.

王晓峰，汪思龙，张伟东，2013. 杉木凋落物对土壤有机碳分解及微生物生物量碳的影响. 应用生态学报，24 (9)：2393 - 2398.

王燕，王兵，赵广东，等，2008. 江西大岗山 3 种林型土壤水分物理性质研究. 水土保持学报，22 (1)：151 - 153.

王志康，祝乐，许晨阳，等，2022. 秦岭天然林凋落物去除对土壤团聚体稳定性及细根分布的影响. 生态学报，42 (13)：5493 - 5503.

吴君君，2017. 人工针叶林生态系统凋落物输入调控对土壤有机碳动态和稳定性的影响. 武汉：中国科学院武汉植物园.

徐洪灵，张宏，张伟，2012. 川西北高寒草甸土壤理化性质对土壤呼吸速率影响研究. 四川师范大学学报（自然科学版），35 (6)：835 - 841.

徐璇，王维枫，阮宏华，2019. 土壤动物对森林凋落物分解的影响：机制和模拟. 生态学杂志，38 (9)：2858 - 2865.

薛欣欣，吴小平，王文斌，等，2019. 坡度和埋深对橡胶林凋落叶分解及红外光谱特征的影响. 生态学报，39 (3)：874 - 883.

袁志忠，崔洋，颜绍馗，2013. 叶凋落物数量和类型对森林土壤动物及其生物学质量的影响. 生物多样性，21 (2)：206 - 213.

张俊，张华，常畅，等，2020. 基于文献计量的凋落物研究现状及热点分析. 生态学报，40 (6)：2166 - 2173.

张希彪，上官周平，2006. 人为干扰对黄土高原子午岭油松人工林土壤物理性质的影响. 生态学报，26 (11)：3685 - 3695.

张彦军，党水纳，任媛媛，等，2020. 基于 Meta 分析的土壤呼吸对凋落物输入的响应. 生态环境学报，29 (3)：447 - 456.

赵春梅，曹建华，李晓波，等，2012. 橡胶林枯落物分解及其氮素释放规律研究. 热带作物学报，33（9）：1535－1539.

郑思俊，张庆费，吴海萍，等，2008. 上海外环线绿地群落凋落物对土壤不同物理性质的影响. 生态学杂志，27（7）：1122－1126.

郑文辉，刘圣恩，林开敏，等，2015. 不同树种凋落物覆盖对土壤温度与水分时空分布的影响. 福建农林大学学报（自然科学版），44（5）：487－493.

周丽丽，蔡丽平，马祥庆，等，2012. 不同发育阶段杉木人工林凋落物的生态水文功能. 水土保持学报，26（5）：249－253.

周利军，陈剑桥，曾红娟，2014. 针阔混交林凋落物对土壤呼吸的影响. 湖南林业科技，41（1）：81－86.

朱金兆，刘建军，朱清科，等，2002. 森林凋落物层水文生态功能研究. 北京林业大学学报，24（增刊1）：30－34.

朱丽琴，黄荣珍，李凤，等，2015. 红壤侵蚀地植被恢复后土壤水分特征及其凋落物碳归还模式. 水土保持通报，35（5）：1－6.

Adekalu K O，Olorunfemi I A，Osunbitan J A，2007. Grass mulching effect on infiltration，surface runoff and soil loss of three agricultural soils in Nigeria. Bioresorce Technology，98：912－917.

Andrianarisoa K S，Zeller B，Poly F，et al.，2010. Control of nitrification by tree species in a common-garden experiment. Ecosystems，13（8）：1171－1187.

Austin A T，Ballaré C L，2010. Dual role of lignin in plant litter decomposition in terrestrial ecosystems. Proceedings of the National Academy of Sciences of the United States of America，107（10）：4618－4622.

Bray S R，Kitajima K，Mack M C，2012. Temporal dynamics of microbial communities on decomposing leaf litter of 10 plant species in relation todecomposition rate. Soil Biology and Biochemistry，49：30－37.

Chemidlin P B N，Soudani K，Damesin C，et al.，2010. Increase in aboveground fresh litter quantity over-stimulates soil respiration in a temperate deciduous fo-rest. Applied Soil Ecology，46（1）：26－34.

Creamer C A，De Menezes A B，Krull E S，et al.，2015. Microbial community structure mediates response of soil C decomposition tolitter addition and warming. Soil Biology and Biochemistry，80：175－188.

Fang X，Zhao L，Zhou G，et al.，2015. Increased litter input increases litter decomposition and soil respiration but has minor effects on soil organic carbon in subtropical forests. Plant and Soil, 392 (1): 139 – 153.

Gabarrón-Galeote M A, Martínez-Murillo J F, Ruiz-Sinoga J D, 2012. Relevant effects of vegetal cover and litter on the soil hydrological response of two contrasting Mediterranean hillslopes at the end of the dry season (south of Spain). Hydrological Processes, 26 (11): 1729 – 1738.

Huang W, González G, Zou X M, 2020. Earthworm abundance and functional group diversity regulate plant litter decay and soil organic carbon level: Aglobal meta-analysis. Applied Soil Ecology, 150: 103473.

Jiang Y F, Yin X Q, Wang F B, 2013. The influence of litter mixing on decomposition and soil fauna assemblages in a Pinus koraiensis mixed broad-leaved forest of the Changbai Mountains, China. European Journal of Soil Biology, 55: 28 – 39.

Li X, 1996. Nutrient cycling in a Chinese-fir (Cunninghamia lanceolate) stand on a poor site in Yishan, Guangxi. Forest Ecology and Management, 89 (1 – 3): 115 – 123.

Marthews T R, Burslem D, Paton S R, et al., 2008. Soil drying in a tropical forest: Three distinct environments controlled by gap size. Ecological Modelling, 216 (3 – 4): 369 – 384.

McBride S G, Choudoir M, Fierer N, et al., 2020. Volatile organic compounds from leaf litter decomposition alter soil microbial communities and carbon dynamics. Ecology, 101 (10): 3130.

Mitchell E, Scheer C, Rowlings D, et al., 2020. Trade-off between 'new' SOC stabilisation from above-ground inputs and priming of native C as determined by soil type and residue placement. Biogeochemistry, 149 (2): 221 – 236.

N' Dri, Julien K, Guéi, et al., 2018. Can litter production and litter decomposition improve soil properties in the rubber plantations of different ages in Cote d'Ivoire? Nutrient Cycling in Agroecosystems, 111 (2): 203 – 215.

Palviainen M, Finer L, Kurka A M, et al., 2004. Realease of potassium, calcium, iron and aluminium from Norway spruce, Scots pine and silver birch logging residues. Plant and Soil, 259 (1): 123 – 136.

Riutta T, Slade E M, Bebber D P, et al., 2012. Experimental evidence for the interacting effects of forest edge, moisture and soil macrofauna on leaf litter decomposition. Soil Biology & Biochemistry, 49 (6): 124 - 131.

Rubino M, Dungait J A J, Evershed R P, et al., 2010. Carbon input belowground is the major C flux contributing to leaf litter mass loss: Evidences from a ^{13}C labelled-leaf litter experiment. Soil Biology and Biochemistry, 42 (7): 1009 - 1016.

Schlesinger W H, 1997. Biogeochemistry: An analysis of global change. Quarterly Review of Biology, 54 (4): 353 - 423.

Smolander A, Kaner V A S, Adamczyk B, et al., 2012. Nitrogen transformations in boreal forest Soils: Does composition of plant secondary compounds give any explanations? Plant and Soil, 350 (1/2): 1 - 26.

Sumfleth K, Duttmann R, 2008. Prediction of soil property distribution in paddy soil landscapes using terrain data and satellite information as indicators. Ecological Indicators, 8 (5): 485 - 501.

Taylor B B, Parkinson D, Parsons W F J, 1989. Nitrogen and lignin cotent as predictors of litter decay rates: A microcosm test. Ecology, 70 (1): 97 - 104.

Tian Q X, Wang D Y, Tang Y, et al., 2019. Topographic controls on the variability of soil respiration in a humid subtropical forest. Biogeochemistry, 145 (1 - 2): 177 -192.

Wang Q K, He T X, Wang S L, et al., 2013. Carbon input manipulation affects soil respiration and microbial communitycomposition in a subtropical coniferous forest. Agricultural and Forest Meteorology, 178 - 179: 152 - 160.

Wang Q, He T, Liu J, 2016. Litter input decreased the response of soil organic matter decomposition to warming in two subtropical forest soils. Scientific Reports, 6 (1): 1 - 8.

Wardle D A, 2002. Communities and ecosystems: Linking the aboveground and belowground components. Princeton: Princeton University Press.

Xiao W Y, Chen H Y H, Kumar P, et al., 2019. Multiple interactions between tree composition and diversity and microbial diversityunderly litter decomposition. Geoderma, 341: 161 - 171.

Xiong X, Zhou G, Zhang D, 2020. Soil organic carbon accumulation modes between pioneer and old-growth forest ecosystems. Journal of Applied Ecology, 57 (12): 2419 - 2428.

Xue F, Zhao M F, Wang Y H, et al., 2019. Base cation concentrations in forest litter and topsoil have different responses to climate and tree species along elevational gradients. Journal of Mountain Science, 16 (1): 30 - 42.

Zhang P, Tian X J, He X B, et al., 2008. Effect of litter quality on its decomposition in broadleaf and coniferous forest. European Journal of Soil Biology, 44 (4): 392 - 399.

Zhang W, Chen H S, Wang K L, et al., 2007. The heterogeneity and its influencing factors of soil nutrients in peak-cluster depression areas of karst region. Agricultural Sciences in China, 6 (3): 322 - 329.

第五章　森林凋落物的
水土保持功能

凋落物覆盖层是森林生态系统中独特的结构层次，不仅对森林生态系统养分循环、生产力维持具有重要作用，同时由于其疏松结构，在截留降水、防止土壤溅蚀、阻延地表径流、抑制土壤水分蒸发、增强土壤抗冲性能等方面具有不可替代的效果，具有保持水土和涵养水源等重要的水文生态功能。

第一节　森林凋落物层的持水能力和截留作用

一、凋落物层的持水能力

凋落物层疏松多孔，水分可以充满孔隙并依靠表面张力维持在凋落物层中，因而凋落物层具有较强的持水能力。凋落物层的持水能力指凋落物层的含水量占自身干重的百分比，当含水量达到饱和时为最大持水量。凋落物的最大持水能力通常用最大持水率表示，即将凋落物试样浸水 24h，待无滴水即称重，然后烘干、称重、计算求得。凋落物层的持水能力、最大持水量与林分类型、组成结构、蓄积量和分解状况等因素都存在密切的关系。

凋落物持水率是凋落物水文效应的重要因子之一，其大小反映了凋落物持水能力的强弱。凋落物持水率越大，表明凋落物的持水能力越强。据统计，我国不同森林生态系统凋落物的最大持水率约为 264.56%，其中，针叶树种最大持水率为 105%～351%，平均为 247.41%；阔叶树种最大持水率为 194%～448%，平均为 270.86%。阔叶林凋落物比针叶林凋落物更有利于保持土壤水分，针叶凋落叶表面存在难以分解的油脂层，会影响凋落叶的吸水能力，同时针叶与阔叶的叶片形状差异也会影响持水能力，故分解初期针叶凋落叶的吸水和持水能力较阔叶弱，而针阔混交林凋落物的吸水能力则大大提高。不同森林类型凋落物的持水能力见表 5-1。由于阔叶凋落叶木质素、纤维素等难分解组分在前期已开始降解，使得后期凋落物的持水能力和吸水率显著降低，而针叶凋落叶分解后期易吸水组分才开始缓慢减少（何琴飞等，2017）。

表 5-1 不同森林类型凋落物的持水能力

地点	森林类型	凋落物现存量/(t/hm²)	最大持水率/%	最大持水量/(t/hm²)	资料来源
广西	马尾松林	2.89	238.59	6.26	王金悦等（2020）
	杉木林	8.95	178.19	14.23	
	桉树林	1.99	373.86	7.43	
	米老排林	1.96	577.98	11.20	
	红椎林	9.05	135.46	7.09	
云南西双版纳	橡胶林	7.51	113.40	5.86	陆恩富等（2021）
	雨林	11.94	174.80	9.68	
浙江千岛湖	马尾松林	8.83	203.42	17.96	林海礼等（2008）
	新造林	11.74	180.16	20.32	
	灌木林	10.74	243.27	25.68	
	阔叶林	18.17	206.82	23.84	
	杉木林	11.38	230.47	19.45	
	混交林	19.40	300.43	20.90	
	毛竹林	7.25	276.68	18.67	
甘肃兰州	侧柏	28.78	190.80	54.98	刘小娥等（2020）
	刺槐	26.34	240.00	62.93	
	新疆杨	13.50	262.10	35.29	
	侧柏+刺槐	35.15	228.10	80.13	
	新疆杨+刺槐	47.01	262.70	123.59	
甘肃小陇山	日本落叶松	25.58	83.84	21.55	孟玉珂等（2012）
	华山松	48.16	39.61	19.64	
	油松	35.72	51.05	18.23	
	锐齿栎	8.52	209.39	14.84	
	山核桃	13.20	95.15	9.88	
	阔叶混交林	6.16	133.84	8.07	

（续）

地点	森林类型	凋落物现存量/ （t/hm²）	最大持水率/ %	最大持水量/ （t/hm²）	资料来源
四川巴东	柏木林	10.09	143.92	14.52	崔鸿侠等（2007）
	马尾松	5.55	148.33	8.23	
	针叶混交林	6.21	177.28	11.01	
	针阔混交林	7.24	188.63	13.66	
	阔叶林	7.18	226.80	16.28	
广东鼎山湖	马尾松林	21.96	306.30	50.11	刘效东等（2013）
	马尾松针阔混交林	14.59	289.00	28.21	
	季风常绿阔叶林	10.40	239.30	13.67	
海南	原始林	6.42	155.60	9.55	燕东等（2011）
	径级择伐林	6.29	168.00	10.49	
	皆伐林	6.66	169.20	11.17	
黑龙江	麻栎红松混交林	16.51	307.36	50.75	周晓峰等（1994）
	椴树红松混交林	10.89	294.77	32.10	
	枫桦红松混交林	9.87	289.45	28.57	
	云杉林	9.42	286.83	27.02	
	云冷杉林	9.06	274.58	24.88	
	蒙古栎林	13.34	315.06	42.03	
	山杨林	9.56	297.82	28.47	
	枫桦林	12.93	289.37	37.42	
	白桦林	11.04	294.36	32.50	
	硬阔叶林	8.98	321.24	28.85	
	红松林	9.73	295.14	28.72	
	落叶松林	10.35	297.39	30.78	
	樟子松林	9.64	283.60	27.34	

注：马尾松 Pinus massoniana；杉木 Cunninghamia lanceolata；桉树 Eucalyptus robusta；米老排 Mytilaria laosensis；红椎 Castanopsis hystrix；橡胶 Hevea brasiliensis；毛竹 Phyllostachys heterocycla；侧柏 Platycladus orientalis；刺槐 Robinia pseudoacacia；新疆杨 Populus alba；日本落叶松 Larix kaempferi；华山松 Pinus armandii；油松 Pinus tabulaeformis；锐齿栎 Quercus aliena；山核桃 Carya cathayensis；柏木 Cupressus funebris；麻栎 Quercus acutissima；椴树 Tilia tuan；红松 Eucalyptus robusta；枫桦 Betula costana；云杉 Picea asperata；云冷杉 Spruce-fir；蒙古栎 Quercus mongolica；山杨 Populus davidiana；白桦 Betula platyphylla。

二、凋落物持水能力的影响因子

（一）凋落物的分解程度与持水能力

凋落物的未分解层指基本上保持其原有形状及质地的枯枝落叶层；半分解凋落物指植物残体只有部分组织残片尚保持其原有形态；分解层是指凋落物完全分解腐烂，连片的有机污黑物质，看不出植物残体的痕迹（罗札诺夫，1988）。凋落物分解程度不同，其持水能力也不尽相同。通常来说，凋落物分解程度越高，其持水能力越强，即半分解的凋落物较未分解的凋落物持水能力强（表 5-2），这可能与凋落物各层自身理化性质有关。张洪亮等（2011）对天然云杉林进行研究发现，凋落物未分解层在 6h 时持水率基本达到饱和状态，而半分解层在 12h 时持水率基本达到饱和，这说明天然云杉林半分解层的持水能力高于未分解层。分析原因主要是未分解层的组分为基本保持原状的枯枝落叶，且云杉针叶和落枝等器官具有硬度大、难分解的特点，因此，未分解层的持水能力较差，而与未分解层比较，半分解层本身的理化性质在很长时间的积累和分解过程中已经发生了很大的改变，并逐渐形成具有孔隙多、表面张力大和吸收面积大等特点的物质，因此，半分解层持水能力要大于未分解层。王波等（2009）对三峡库区天然次生林凋落物的水文效应进行研究发现，针阔混交林的凋落物吸水速率最大，阔叶林和针叶林次之，楠竹林较小；分解层凋落物持水量最大，明显大于未分解层和半分解层，半分解层大于未分解层。

表 5-2　不同分解程度凋落物的持水能力

林型	自然含水率/%		最大持水率/%		最大持水量/mm	
	半分解	未分解	半分解	未分解	半分解	未分解
侧柏	0.6	0.4	226.4	161.1	2.96	2.54
刺槐	0.7	0.6	222.8	273.7	3.82	2.47
新疆杨	3.4	1.8	231.5	308.4	1.87	1.66
侧柏+刺槐	5.9	6.0	233.9	220.7	4.63	3.38
新疆杨+刺槐	5.2	4.4	219.1	349.0	6.86	5.50

来源：刘小娥等（2020）。

（二）凋落物储量与持水能力

凋落物最大持水量与凋落物储量间存在极显著正相关关系，在相同条件下，凋落物层越厚，质量越大，持水作用也就越大，但凋落物储量与其持水能力并不是呈直线关系，这与凋落物边蓄水边渗水的持水特点有关。廖军等（2002）研究了5种不同竹阔混交林，其凋落现存量分别为 $41.7t/hm^2$、$50.0t/hm^2$、$93.8t/hm^2$、$111.7t/hm^2$ 和 $127.5t/hm^2$，其持水量分别为 0.33mm、5.00mm、1.02mm、1.17mm 和 1.65mm。总体来看，随着混交比例的增大，凋落物现存量、持水量呈增加趋势。

（三）气候区域与持水能力

不同地区森林凋落物持水能力表现出很强的异质性，我国森林凋落物的持水能力也呈现出随纬度和海拔高度的增大而增强的格局。例如在寒温带及西部高山针叶林区，由于气候寒冷，凋落物分解速率慢，导致其凋落物储量较大，所以其凋落物持水能力也较强；在热带及亚热带地区，由于高温高湿的气候条件导致凋落物分解速率快，林下凋落物相对较少，所以其凋落物持水能力也较弱。

（四）郁闭度与持水能力

林分郁闭度对凋落物的持水能力也有一定的影响。主要因为林分郁闭度的差异必将引起林内水热条件及其生物量变化，造成枯落物分解状况和自然持水量不同。张洪亮等（2011）研究表明，郁闭度越大，林分内凋落物层储蓄量越大，自然含水率越低，最大持水率越低，但最大持水量越大。闫文德等（1997）对祁连山地区森林凋落物研究表明，郁闭度大的林分，其凋落物的持水能力也相应增强。

三、凋落物层对降水的截留作用

在自然降水过程中，到达森林生态系统的降水经过林冠截留和下木层、活地被物层截留后，凋落物层作为森林生态系统中第二水分作用层面，发挥着对穿透降水的截留和储蓄作用。凋落物层对降水的截留过程可以分为3个阶段：第一阶段为截留阶段，在降水发生初期，穿透降水全部被凋落物层截留；第二阶段为渗透阶段，凋落物层出现渗透水，截留量逐渐减少；第三阶段为饱和阶段，该阶段的穿透降水量和凋落物层的渗透量趋于一致，截留作用消失，凋落物层截留蓄水量达到最大值，此时凋落物层可通过水分的渗滤使雨水缓缓渗入土壤，减轻地表径流。

凋落物层对降水的截留类似于林冠截留，是一个从开始截留降雨到吸水饱和的有限增加过程（余新晓等，2002）。王佑民等（1994）对黄土高原刺槐林的研究表明，凋落物储量为 $500\sim625g/m^2$ 时，当降水量小于 2.86mm 时，降雨可以全部被凋落物吸收；当降水量大于 2.86mm 时，凋落物开始渗水，但尚未饱和，此时伴随着降雨的增多，截留量逐渐增加；当降水量增至 45mm 以上时，凋落物持水达到饱和，降水截留量也达到最大值，截留作用消失。

凋落物截留降水量与林分类型、凋落物层厚度、湿润状况、地形因素、降雨特性等关系密切，通常表现为：阔叶林大于针叶林，天然林大于人工林，未采伐林大于采伐林。凋落物的降水截留能力还与林地所处的地理区域和降雨的季节分配规律有关。凋落物的降水截留能力与林地所处的地理区域和降雨的季节分配规律有关，如黄土高原油松林凋落物层的截留率为降水量的 12.5%（赵鸿雁等，2001），而辽东山区不同森林类型凋落物的平均截留率可达到 24.05%，占林内雨量的 31.15%（高人等，2002）。而在秦岭林区，当降水量在 737mm 以上时，凋落物层的截留量和截留率相对较大，截留率可达 10% 以上；在黄龙山林区位于半干旱和半湿润气候区，年降水量不到 500mm，纳吐降水能力明显降低，截留率仅为年降水量的 5.7%～10.0%（朱金兆等，2002）。刘向东等（1991）在黄土高原研究了 25～28 年生的人工油松林凋落物层截留降水量，结果表明，凋落物层截留量随林外降水量的增加而增加，二者符合幂函数关系。

另外，凋落物层的降雨截留能力还受季节降雨的影响。朱金兆等（2002）对凋落物层截留降水的季节动态进行了分析，发现凋落物层的截留量存在明显的季节变化规律。在干旱的 6 月，降水量较少，截留量也较少，但截留率较高。进入雨季后降水量增加，截留量增大，相反截留率较小。雨季后降水量减少，截留量也降低，但截留率随之增加。以上现象表明凋落物层对降水的截留量随降水量的增加而增大，截留率随降水量的增加而减小。

第二节 森林凋落物抑制土壤蒸发效应

林地土壤蒸发是一个物理过程，除与气候因子和土壤自身的含水量有关外，主要受凋落物覆盖的影响。凋落物的覆盖能有效保持土壤水分，抑制土壤水分蒸发，具有间接涵养水源的作用（Villegas et al.，2010）。

一、凋落物与林地土壤蒸发

蒸发在生态学、水文学和气象学中都是一个重要的过程，是林木、林下植被和地面这一整体向大气输送的水汽总通量，包括了森林全部的蒸发和蒸腾（Wilson 等，2001），它能比较客观地反映森林植物的基本生态特征和一系列的外部因素对水分消耗的影响。凋落物层抑制土壤蒸发有利于储蓄林地土壤水分，进而提高生态系统生产力。其中，蒸发是构成生态系统水分循环的重要组成部分。研究表明，降落到地球表面的水有75%通过热能交换由液态转化为气态返回到大气中（张德成等，2006）。

凋落物水分蒸发特性是凋落物水文特性的重要方面，它对森林水源涵养功能具有重要的作用。凋落物层所蓄留的水分往往以蒸发的形式返回大气，对调节和改善小气候有一定的影响。凋落物水分蒸发率的大小受气象条件、地表覆盖及水质等因素的影响。

（一）不同林型与林地土壤蒸发

杞金华等（2012）对哀牢山常绿阔叶林水源涵养功能进行研究发现，常绿阔叶林与毛蕨菜-玉山竹群丛相比，常绿阔叶林所具有的更好的遮阴条件使其表面蒸发量极显著小于毛蕨菜-玉山竹群丛，更多更厚的地表覆盖（凋落物的蓄积量更大）也会减少其土壤蒸发失水和地表径流，这些都使得常绿阔叶林较毛蕨菜-玉山竹群丛有更好的水源涵养功能，并保证了其旱季较高的土壤含水量。杨清培等（2009）对江西省信丰县森林健康项目示范区的 7 种主要森林类型凋落物的水文效应进行了研究，发现凋落物蒸发速率呈现出林分间的差异，表现为：湿地松林＞毛竹林＞火炬松林＞马尾松林＞灌木林＞杉木林＞常绿阔叶林。7 种森林类型凋落物全层、未分解层、半分解层持水率与蒸发时间都可用双曲线方程：$W=a-t/(b+ct)$ 进行较好拟合，且能较好地解释蒸发时间与持水率的关系。其中：W 为凋落物持水率（％）；t 为蒸发时间（h），a、b、c 为方程参数或系数。

（二）凋落物层厚度与林地土壤蒸发

以裸露土壤为基准，当土壤含水量相同时，凋落物层抑制土壤蒸发的效应随凋落物层厚度的增加而增大，当土壤水分增加时，抑制效果更大。在土壤含水量为田间持水量的一半条件下，当油松凋落物层厚度由 0cm 增加至 2cm 时，每增加 1cm，抑制率增加 6.7％；当厚度从 2cm 增加至 5cm 时，每增加 1cm，抑制率增加 4.6％。在土壤含水量为田间持水量的 3/4 条件下，凋落物层厚度由 0cm 增加至 2cm 时，每增加 1cm，凋落物层厚度为 0cm 的抑制率增大 23.3％，凋落物层厚度为 2cm 的抑制率增大 33.3％，抑制率显著增大；当厚度从 2cm 增至 5cm 时，每增加 1cm，凋落物层厚度为 2cm 的抑制率增加 8.9％，凋落物层厚度为 5cm 的抑制率增加 3.6％。由此可见，凋落物层抑制土壤蒸发的效果随厚度的增加而增大，特别是在 2cm 以内效果更明显（朱金兆等，2002）。高迪（2019）对六盘山华北落叶松凋落物水文效应进行了研究，结果表明，在土壤含水量相似的情况下，受不同厚度凋落物覆盖的影响，土壤蒸发量不同。凋落物覆盖厚度越厚，抑制土壤蒸发的能力就越强，土壤蒸发量越小，减少比例为 52.8％～74.1％。这是由于随着凋落物覆盖厚度增加，水分子穿过凋落物孔隙并散发到空气中的距离增大，减弱了土壤表面蒸发水分与大气水汽的直接交换，同时也隔绝了太阳辐射，起到保温作用，减小了水分的逃逸，温度增幅越小，土壤蒸发速率越慢。

（三）分解程度与林地土壤蒸发

当凋落物覆盖质量相同时，不同分解程度的凋落物对土壤水分蒸发抑制作用不同，表现为：未分解层＞半分解层＞已分解层；凋落物覆盖量越多，对土壤蒸发的抑制作用越大；凋落物分解程度越低，对土壤蒸发的抑制作用越好（陈明梅等，2019）。

二、凋落物抑制土壤蒸发量的过程

（一）凋落物对土壤蒸发量的日变化影响

凋落物抑制土壤蒸发量的日变化过程因土壤含水量不同而异，在1/2田间持水量条件下，凋落物抑制土壤蒸发量的作用主要在9—13时，尤以11时最为明显，15时以后作用很小。土壤水分含量达到田间持水量时，凋落物抑制土壤蒸发量的作用最大，且自始至终都发挥抑制作用，最大值出现在13—15时（汪思龙等，2010）。

（二）凋落物对土壤蒸发量的月变化影响

地表凋落物的保留或去除，土壤蒸发量均随月份变化呈现先增加后减少的趋势。去除凋落物条件下，6—10月土壤蒸发量分别为17.50mm、28.33mm、33.10mm、25.99mm、21.39mm，保留凋落物条件下，各月土壤蒸发量分别为12.62mm、20.23mm、24.12mm、16.96mm、17.63mm，相比较于裸土，保留凋落物处理土壤蒸发量降幅为17.55%～34.72%。土壤蒸发量最大值出现在8月，去除和保留凋落物处理蒸发量分别为33.10mm和24.12mm，凋落物覆盖对土壤水分蒸发起到抑制作用，减少了27.12%，最小值出现在6月，两者分别为17.50mm和12.62mm，土壤蒸发量减少27.87%，6月土壤蒸发量较少，可能与环境因子有一定的关系，温度相对较低，且空气湿度较大导致土壤蒸发量较小（高迪，2019）。

第三节 森林凋落物层的阻滞径流作用

森林凋落物层的存在保持了林地地表的粗糙度，而且凋落物纵横交错的叠加，使地表水流多重受阻；小股径流改变地表流动方向，降低水流动能，进而增加地表的曼宁阻力系数，减缓地表径流（陈奇伯等，1996）。林地的地表径流受控于地表粗糙度和纵横交错的凋落物厚度以及质量等因子，因此，阐明地表径流与地表粗糙度等因子之间的关系，对揭示凋落物阻滞径流的机理具有重要意义。

一、凋落物层糙率系数

凋落物层糙率系数通过曼宁公式（$n = q^{-1} h^{5/3} i^{1/2}$）计算。式中，$n$ 为糙率系数，q 为单宽流量，h 为水深，i 为样地比降。张洪江等（1994）认为，不同林地及其地表地被物对径流的拦截、涵蓄，改善森林水文过程及防止地表径流冲刷的作用，在很大程度上可由糙率系数 n 值予以量化表示。影响地表糙率系数 n 值的因素是多方面的，在特定坡面坡度下，糙率系数 n 值与凋落物的组成、数量、厚度、分解程度以及林地土壤性质等因素有关（杨海龙等，2005）。

郭汉清等（2010）对三种林分下的 n 值进行了研究，发现糙率系数 n 值大小排序为：辽东栎＞华北落叶松＞油松，而撂荒地的 n 值仅为 0.019，要比地表有覆盖的糙率系数小很多（表5-3）。其机理在于：凋落物层覆盖于林地表面，增加了地表面的粗糙度，提高了糙率系数 n 值，延缓了雨水顺着高度的落差产生的地表径流，使径流在林地坡面上直流的时间延长，并增加了下渗的时间，同时增加了雨水的下渗量，对防止水土流失有很重要的作用。主要体现在：林下凋落物现存量较多的地表，其糙率系数较大；不同种类的林下凋落物层的糙率值不同；糙率系数 n 值大的林地，产流量和产沙量相对较小。因此，在植树造林的同时，还要加大对林下枯落物的保存和保护。

余新晓等（2002）模拟实验显示，油松、刺槐、荆条凋落物层糙率系数的变动范围分别为 0.094～0.363、0.119～0.314、0.100～0.273，平均值分别为 0.187、0.231、0.180，阔叶乔木的凋落物层糙率系数大于针叶树凋落物层的糙率系数。

另外，凋落物层的糙率系数还与单位面积的凋落物干重呈极显著相关，并随着凋落物干重的增加而增大，与坡度的关系不是特别明显。凋落物量对糙率系数的影响存在一个上限值，当单宽流量不大于 94mL/（m·s），凋落物的数量达到 30mg/hm² 后，糙率系数不再受凋落物量增加的影响（张洪江等，1994）。

表 5-3　不同类型凋落物层糙率系数

林分类型	比降	流量/ (mL/s)	单宽流速/ [mL/(s·cm)]	流速/ (cm/s)	糙率 系数
油松	0.292 3	12.86	0.257 2	2.58	0.045
华北落叶松	0.325 5	13.43	0.268 6	2.12	0.068
辽东栎	0.325 5	11.82	0.236 4	1.59	0.101
撂荒地	0.309 0	15.43	0.306 8	3.78	0.019

二、凋落物阻滞径流作用

当发生地表径流后，地表径流经凋落物层时，受到机械阻力，流速减小，水分下渗的时间延长，入渗量增加，可以把地表径流转变为土壤水或壤中流，这对改善林地的水分收支平衡十分有利。吴钦孝等（1998）对宜川县铁龙湾林场进行了多年的连续观测，并且进行了人工模拟降雨试验，结果表明，林场油松林去除凋落物层后，径流增加了约 5 倍，这也充分说明，凋落物层对径流的阻滞作用明显。汪有科等（1993）研究了去除和保留凋落物层的林地，发现地被 0.5cm 凋落物层的林地要比裸地径流慢得多，裸地径流的流速是保留凋落物层林地的 7～14 倍。

朱金兆等（2002）研究发现，径流在凋落物层中的流动速度随其厚

度的增加而减少。凋落物层厚度从 0cm 增加到 0.5cm，径流速度减小
幅度较大，随着凋落层厚度的增加，径流速度呈幂函数递减关系。凋落
物层之间减小幅度较小，表明其阻滞径流的有效临界厚度在 0.5cm 左
右。另外，坡度不同，凋落物层阻滞径流速度的效应也不相同，当坡度
从 0°逐渐增加到 10°时，凋落物层阻延径流速度效应较明显，当坡度达
20°时，凋落物层阻延径流速度的效应减小。径流深也影响着凋落物层
阻延径流速度的效应：当径流深为 1～3mm 时，凋落物层阻延径流速度
值较大；当径流深＞3mm 时，阻延径流速度值减小。

第四节　森林凋落物层抗侵蚀能力

土壤侵蚀是指土壤及其母质在水力、风力、冻融或重力等作用下，
被破坏、剥蚀、搬运和沉积的过程。鉴于土壤侵蚀对全球食物安全、环
境质量及人畜健康的负面影响日益严重的现实，土壤侵蚀作为世界性的
重大环境问题越来越受到世界各国政府及科技工作者的关注。降雨侵蚀
由雨滴击溅侵蚀和径流冲刷两部分组成。为研究降雨侵蚀机制，将降雨
侵蚀作用力分为雨滴击溅力和径流冲刷力，把土壤抗蚀能力分为抗溅蚀
能力和抗冲蚀能力。

一、凋落物抗溅蚀能力

雨滴溅蚀是降雨过程中，雨滴打击地表引起土壤团粒被破坏、分
散、溅起并增加地表薄层径流紊动的侵蚀现象，雨滴击溅作为土壤侵蚀
的初始过程，为其后发生的土壤侵蚀过程提供了溅蚀物质（韩学坤等，
2010）。溅蚀与降雨强度、林地坡度以及凋落物层等诸多因子关系密切。
韩冰等（1994）认为森林凋落物层对雨滴溅蚀影响更大，凋落物层甚至
是决定林地能否有溅蚀的关键因子。凋落物降低了穿透水雨滴的冲击能
量，从而增加了渗透性，减少了地表流动。

研究表明，凋落物厚度与溅蚀量关系密切。在郁闭度为 0.75 的油

松林下，当凋落物层厚度为 1.0cm 时，土壤溅蚀量减少了 79.6%；当厚度增加到 2cm 时，土壤溅蚀量降为 0。在郁闭度为 0.7 的山杨林下，与去除凋落物层处理相比，凋落物层厚度为 0.5cm 时，土壤溅蚀量减少了 76.44%；凋落物层厚度为 1cm 时，土壤溅蚀量减少了 97.50%，而当凋落物层厚度为 2cm 时，溅蚀量基本为 0。由此可知，土壤溅蚀量随凋落物厚度的增加急剧减少。分析其原因为分解和未分解的凋落物在林地表面聚集，并相互结成片，从而改善了土壤的理化性质，促进了土壤良好结构的形成，增加了土壤疏松性、透气性和透水性。另外，由于分解和未分解的凋落物促进了真菌的发展，真菌的菌丝体缠绕在凋落物和土壤颗粒上，阻止了土粒被雨水溅散，从而更有效地抑制了溅蚀的发生（汪思龙等，2010）。

二、凋落物抗冲蚀能力

抗冲指标过去用单位水量所冲失的土壤量来表示，近年来，有学者采用冲刷 1g 土所用的时间表示，二者本质相同。为避免因坡度和雨强的不同测得的抗冲性的变异，汪有科等（1993）引入能量理论，采用冲失 1g 土所需水能表示抗冲指标，单位是 J/g。对于同一冲样，不管其所处坡度及水流量（或雨强）增减变化如何，测得的抗冲指标在理论上只有一个值。汪有科等（1993）对人工覆盖不同厚度凋落物抗冲能力进行了研究（表 5-4），发现不同凋落物的自身抗冲能力存在差异，刺槐、沙棘、油松三种凋落物的抗冲能力随凋落物厚度增加而增强，而山杨在凋落物 2cm 厚度时的抗冲能力最强，说明山杨凋落物抗冲性能存在不稳定的特性，这一现象可能与山杨凋落物中的叶片较大、结构致密、透水性差、对水流的阻力不稳有关。根据最大耗能来看，抗冲能力大小顺序为：油松＞山杨＞沙棘＞刺槐。另外，研究还发现，林地土壤抗冲能力与其地表凋落物自身的抗冲能力一致。其指出林地凋落物抗冲的机理为：凋落物的抗冲减沙效应不仅受凋落物种类的影响，而且随凋落物厚度的增加，抗冲减沙效应随之增强。凋落物可减轻土壤冲蚀，主要原因是凋落物可消减径流速度，降低水流动能。凋落物厚度对径流速度的削减效应随径流深度的增加而增强，但其效应变化不大。

表 5-4　枯落物自身抗冲临界值

凋落物种类	凋落物层厚度/cm	抗冲临界值		
		流量/(mL/min)	雨强/(mm/min)	耗能/(J/g)
刺槐	1	4 450	2.2	0.307
	3	6 230	3.1	0.430
	5	7 120	3.6	0.492
沙棘	1	6 230	3.1	0.430
	3	9 790	4.9	0.676
	5	14 240	7.1	0.983
山杨	1	5 340	2.7	0.369
	2	16 910	8.5	1.167
	3	8 900	4.5	0.614
	4	13 350	6.7	0.922
	5	12 640	6.2	0.860
油松	1	5 340	2.7	0.369
	3	14 240	7.1	0.983
	5	19 580	9.8	1.352

第五节　实例研究Ⅳ——海南橡胶林凋落物持水特征研究

近几十年来，海南、云南等热带北缘地区，土地利用发生较大变化，大面积的热带雨林向单层橡胶林转变。橡胶单一种植由于其林冠结构简单、管理活动频繁（定期喷洒除草剂、施肥以及踩踏等），导致水土流失等生态环境问题突显，凋落物的水文功能明显退化（陆恩富等，2021）。目前，关于橡胶林凋落物的水分效应已有相关报道

（任泳红等，1999；周卫卫等，2009；卢洪健等，2011a，2011b；陆恩富等，2021），但仍处于初步的研究阶段。

卢洪健等（2011a）通过对西双版纳山地橡胶林凋落物的水文效应进行研究，发现橡胶林凋落物在干季常处于蓬松状态，厚度较大，明显增加了橡胶林地的地表糙率，为其在雨季前期发挥阻滞径流和拦截泥沙的效应提供了重要的物理基础。橡胶林凋落物在雨季不同阶段阻滞径流的效应差异明显，这虽受到降雨条件和土壤湿度变化的影响，但凋落物储量（厚度）的剧烈变化以及由此导致的地表糙率下降无疑是其阻滞径流效应显著减弱的重要因素。橡胶林凋落物在土壤湿度保持方面表现为干季的土壤蒸发显著强于热带季节雨林的土壤蒸发（Liu et al.，2008），且干季 2—4 月降雨稀少，剔除凋落物使得土壤湿度显著降低，由此说明凋落物抑制蒸发的效应较好，是橡胶林地保持水分的有利屏障；凋落物在橡胶林土壤保温方面的作用也不容忽视，例如凋落物在雾凉季具有一定的"保温"功效，在干热季和雨季则能很好地调节表层土的极端高温（卢洪健等，2011b）。

以海南不同树龄的橡胶林为对象，调查凋落物的现存量、凋落物的持水特性随树龄的变化情况，以期为评价橡胶林凋落物的生态水文功效和生态系统恢复提供理论依据。

一、研究方法

（一）研究区概况

研究区位于海南省儋州市中国热带农业科学院试验场的橡胶林，属热带海岛季风气候，平均海拔 114m，年均气温 21.5～28.5℃，太阳辐射 $4.857×10^5 J/cm^2$，全年日照时数 2 100h，年降水量 1 607mm，其中全年 70％的降水量分布在 7—9 月，年平均相对湿度约为 83％。土壤类型为花岗岩发育的砖红壤。

（二）研究方法

1. 地表凋落物现存量测定　于 2020 年 4—5 月，在试验区选择树龄分别为 5 年、10 年、20 年、30 年和 100 年的 5 个橡胶林地，调查树围、坡度等因子，记录经纬度坐标和海拔，橡胶林样地基本概况如表 5-5 所示。在各林地中划定 30m×30m 代表性样地，在各样地内采用 1m×1m 的样框收集凋落物，每个树龄收集 3 个样框样品，作为 3 次重复。样框内的枯落物分为未分解叶、未分解枝（颜色变化不明显，结构完整，无分解痕迹）、半分解叶、半分解枝、橡胶籽壳、橡胶籽等组分（图 5-1），带回实验室后，称取质量，计算单位面积凋落物鲜质量储量（kg/hm²）；于 70℃烘干称重，计算自然含水率（%）和单位面积干质量储量（kg/hm²）。

表 5-5　橡胶林样地基本概况

参数	树龄				
	5 年	10 年	20 年	30 年	100 年
经纬度	N19°32′55.31″ E109°30′19.31″	N19°32′46.35″ E109°30′12.73″	N19°33′16.34″ E109°30′26.97″	N19°32′45.38″ E109°30′28.89″	N19°33′29.93″ E109°29′59.43″
海拔/m	131.8	127.8	110.0	126.4	96.4
树围/cm	29.8	59.6	72.6	95.8	168.7

2. 凋落物持水特性　采用浸水法测定凋落物持水率和吸水速率。分别称取一定质量风干的凋落物（未分解叶、半分解叶、未分解枝、半分解枝、橡胶籽壳、橡胶籽），装入孔径为 1mm 的 10cm×10cm 尼龙袋，3 个重复，共 18 个尼龙袋。然后放入水中浸泡，分别在浸水

图 5-1　凋落物现存量调查（薛欣欣拍摄）

0.08h、0.25h、0.5h、2.0h、4.0h、8.0h、15.0h、24.0h 时，取出，悬置 5min 左右，直到凋落物不滴水为止，称取凋落物和尼龙袋的湿重；

试验结束后，洗净尼龙袋后称其湿重，用装有凋落物的尼龙袋湿重与尼龙袋的差值为凋落物浸水质量，凋落物浸水质量与初始风干质量差值为凋落物在不同时间的持水量（W_t），持水量与风干质量比值为凋落物持水率（R），凋落物持水率与浸水时间（t）比值为凋落物吸水速率（R_t）；将浸水 24h 的凋落物持水率作为最大持水率（R_{max}），并根据凋落物现存量（M）计算凋落物最大持水量。其他计算公式如下：自然持水率（R_0）=（M_1-M_0）/M_0×100%。其中，M_1 为凋落物的鲜重，M_0 为凋落物的烘干重。

3. 凋落物分解强度 凋落物的分解强度是决定其累积量及水文特性的重要因素之一。若以 A_1 代表未分解层质量，A_2 代表半分解层质量，则可用绝对质量比（A_1/A_2）和相对质量比 $A_2/(A_1+A_2)$×100% 来分析凋落物的不同层次的分解强度。绝对质量比越大，表明分解强度越弱；相对质量比越大，表明分解强度越强（朱兴武等，1993）。

（三）数据分析

所有试验数据利用 SPSS19.0 统计分析软件进行独立样本 t 检验，用 Origin8.0 软件作图。

二、结果

（一）凋落物现存量

由表 5-6 可以看出，随着橡胶林树龄的增长，地表凋落物量呈现先增加后降低的趋势，在 20～30 年树龄期的凋落物现存量较大，之后趋于平稳；幼龄（5 年）到成龄（10 年）这段时间的凋落物现存量急剧增加，总凋落物现存量增幅可达 204.5%。从表中可以看出：随橡胶树龄增加，枝凋落物、壳凋落物和籽凋落物的数量明显增加，从无到有。随橡胶树生物量的增加，叶凋落物量呈现显著增加的趋势。

表5-6 不同凋落物组分的现存量（kg/hm²）及各部位占比

树龄/年	叶凋落物		枝凋落物	壳凋落物	籽凋落物	总量
	未分解层	半分解层				
5	725.3 (62.9)	428.6 (37.1)	0.00	0.00	0.00	1 153.9
10	1 723.8 (49.0)	939.8 (26.8)	776.3 (22.1)	19.2 (0.5)	54.8 (1.6)	3 513.8
20	1 670.5 (42.1)	966.0 (24.3)	1 175.0 (29.6)	83.2 (2.1)	73.8 (1.9)	3 968.5
30	1 618.9 (40.5)	946.6 (23.7)	1 048.2 (26.2)	229.5 (5.7)	154.7 (3.9)	3 997.8
100	1 551.7 (40.0)	871.3 (22.4)	932.4 (24.0)	309.1 (8.0)	218.4 (5.6)	3 882.9

注：括号中的数字为不同类型凋落物占总现存量比例，单位为"%"。

橡胶林地表凋落物现存量以叶凋落物为主，在总的凋落物现存量中占比为 62.4%～100.0%，其中，未分解层叶凋落物占比为 40.0%～62.9%，半分解层叶凋落物占比为 22.4%～37.1%，未分解层明显高于半分解层。另外，随树龄的增加，叶凋落物现存量呈下降的趋势，枝凋落物呈先增加后降低的趋势，而橡胶壳凋落物和橡胶籽凋落物则呈持续增加的趋势。从凋落物的分解强度来看（表5-7），幼龄林地的分解强度大于成龄林地。罗亲普等（2012）分析认为，林下土壤溅蚀率和穿透水侵蚀力与林冠结构有着极其密切的关系，由于幼龄林地覆盖度较小，土壤溅蚀和穿透水侵蚀加速了其林下凋落物的分解。刘勇等（2008）研究了不同树龄油松人工林叶凋落物分解特性，结果表明，随着树龄的增加，叶凋落物的分解速率降低，21年、29年和36年树龄的周转周期分别为9.54年、9.91年和10.94年；但也有研究表明，不同林龄的叶凋落物分解速率排序为：成熟林＞近熟林＞中龄林＞幼龄林（王欣等，2012）。

表5-7 不同树龄叶凋落物分解强度

分解强度指标	树龄				
	5 年	10 年	20 年	30 年	100 年
绝对质量比	1.69	1.83	1.73	1.71	1.78
相对质量比/%	37.14	35.28	36.64	36.90	35.96

陆恩富等（2021）对西双版纳单层橡胶林的研究表明，叶凋落物现存量占比在 60％以上，其次为繁殖体占比（28.8％），枝条占比较小（5.5％）；其中，叶占比与本书的结果相似，但是繁殖体和枝条占比与本书的研究结果不一致，造成以上差距的原因可能与研究区域、气候特征、采样时间、种植模式等因素有关，具体的原因可能还需要进一步比较分析。

周卫卫等（2009）对海南琼中地区 15 年橡胶林的研究发现，地表半分解层现存量（2 360kg/hm²）显著高于未分解层（890kg/hm²），与本书的研究结果相反，分析原因主要与采样时间关系较大，该研究采样时间在 7 月，正值海南的雨季，加速了凋落物的分解；而本研究采样时间在 4—5 月，橡胶树大量落叶期刚结束，并且正值干季—雨季过渡期，新的凋落叶未开始快速分解，因此，以未分解叶凋落物占比较大。

（二）凋落物自然含水率

由表 5-8 可以看出，随着树龄增长，各凋落物组分的自然含水率呈先增加后降低的趋势，其中，成龄林叶凋落物自然含水率显著高于幼龄，枝凋落物、壳凋落物和籽凋落物的自然含水率，表现为 30 年高于其他树龄；籽凋落物的自然含水率高于其他组分。半分解叶凋落物的自然含水率略高于未分解叶凋落物。曹恒（2014）曾对五种人工林进行了研究，结果与本著作的研究结果相似，即半分解层凋落物的含水率高于未分解层，主要是由于未分解层将半分解层覆盖，减弱了半分解层的蒸发，进而丢失的水分较少。

表 5-8　不同凋落物组分的自然含水率

树龄/年	叶凋落物/%		枝凋落物/%	壳凋落物/%	籽凋落物/%
	未分解层	半分解层			
5	4.29	6.16			
10	8.33	8.90	8.89	9.76	10.88
20	8.34	8.80	8.53	9.93	10.62
30	8.08	8.71	10.53	11.03	12.30
100	7.97	8.43	8.78	9.26	9.84

（三）凋落物最大持水量

由表 5-9 可以看出，随着树龄增长，不同凋落物组分最大持水量与其各组分的现存量具有较好的一致性。不同凋落物组分的最大持水量表现为：未分解层叶＞半分解层叶＞枝＞壳＞籽，表明橡胶林叶凋落物在生态系统储水保水功能中起着关键的作用，其中，未分解层的储水功能最好。因此，在橡胶林管理中，应当注意增加生态系统叶凋落物的输入和保护。

表 5-9　不同凋落物组分的最大持水量

树龄/年	叶凋落物/(kg/hm²)		枝凋落物/(kg/hm²)	壳凋落物/(kg/hm²)	籽凋落物/(kg/hm²)
	未分解层	半分解层			
5	2 572.7	1 798.9	—	—	—
10	6 114.3	3 944.2	1 288.6	16.3	18.1
20	5 925.3	4 054.4	1 950.5	70.8	24.3
30	5 742.3	3 972.7	1 740.0	195.2	51.1
100	5 503.8	3 656.8	1 547.8	263.1	72.1

（四）凋落物最大持水率

橡胶林不同凋落物组分的最大持水率表现为：半分解层叶＞未分解层叶＞枝＞壳＞籽（表 5-10），这与陆恩富等（2021）的研究结果一致。叶凋落物的最大持水特性在发挥森林生态系统水文功能方面极其重要。

表 5-10　不同凋落物组分的最大持水率（％）

凋落叶		枝凋落物	壳凋落物	籽凋落物
未分解层	半分解层			
354.7	419.7	165.9	85.1	33.0

注：最大持水率取 5 个树龄林地凋落物的平均值。

（五）凋落物吸水速率与浸泡时间的关系

由图 5-2 可以看出，不同凋落物组分在浸泡开始时吸水速率较快，这个阶段一般在 2h 以内，尤其是在 0.5h 以内吸水最快，数值变化最大，随着浸泡时间的延长，吸水速率逐渐减小。吸水速率表现为：半分解层叶＞未分解层叶，半分解层枝＞未分解层枝，橡胶籽壳＞橡胶籽。总体来看，吸水速率表现为：叶＞枝＞生殖器官。

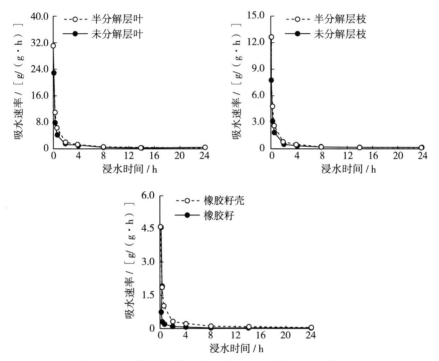

图 5-2　不同凋落物组分的吸水速率随浸水时间的变化

（六）凋落物持水率与浸水时间的关系

由图 5-3 可以看出，不同凋落物组分的持水率与浸水时间表现出较好的相关性，当浸水时间为 8~10h 时，叶凋落物的持水率基本达到最大值；枝凋落物则在浸水时间为 24h 时仍呈现增加的趋势；橡胶籽壳和橡胶籽凋落物在浸水时间为 16h 时基本达到稳定。其中，半分解层凋落物持水率始终大于未分解层凋落物持水率。总的来看，不同凋落物组分达到最大持水率的时间不尽一致，总体表现为：枝＞繁殖器官＞叶。

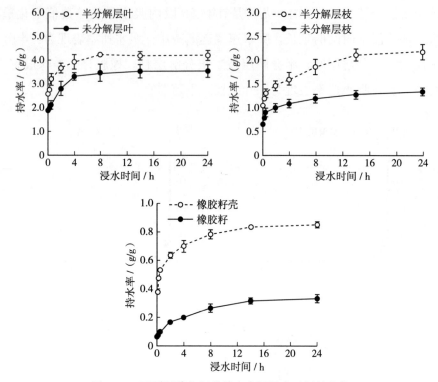

图 5-3 不同凋落物组分持水率随浸水时间的变化

（七）持水率、吸水速率与浸水时间的关系

不同凋落物组分持水率、吸水速率与浸水时间（t）之间关系数据分别可以用对数函数和指数函数进行拟合，相关系数均达到极显著水平（$P<0.01$），拟合方程如表 5-11 所示。

表 5-11 不同凋落物组分持水率、吸水速率与浸水时间的拟合方程

不同类型凋落物	持水率与浸水时间的关系		吸水速率与浸水时间的关系	
	关系式	R^2	关系式	R^2
未分解层叶	$y=0.350\ 1\ln t+2.595\ 7$	0.943 1	$y=2.490\ 5t^{-0.864}$	0.998 8
半分解层叶	$y=0.323\ 0\ln t+3.378\ 2$	0.960 1	$y=3.290\ 0t^{-0.900}$	0.999 3
未分解层枝	$y=0.118\ 4\ln t+0.945\ 2$	0.990 6	$y=0.912\ 0t^{-0.873}$	0.999 6
半分解层枝	$y=0.202\ 5\ln t+1.455\ 2$	0.941 2	$y=1.400\ 5t^{-0.865}$	0.999 5
橡胶籽壳	$y=0.086\ 1\ln t+0.589\ 9$	0.994 5	$y=0.562\ 9t^{-0.853}$	0.999 4
橡胶籽	$y=0.051\ 2\ln t+0.153\ 6$	0.948 8	$y=0.126\ 7t^{-0.669}$	0.998 2

三、结论

通过分析橡胶林凋落物储量和持水特性等生态水文效应的动态变化，发现橡胶树不同凋落物组分具有一定的水文效应，叶凋落物的现存量明显大于其他凋落物组分，且其水文功能优于其他组分。叶凋落物半分解层的持水率较未分解层高，但是由于半分解层的凋落物储量较低，造成半分解层的持水量明显低于未分解层。在橡胶林经营管理中，应加强凋落物的水文功效，从而为增强橡胶林生态系统的水源涵养、抗侵蚀功能，以及改善生态环境效益提供保障。

四、存在问题和展望

尽管橡胶树不同凋落物组分具有一定的持水能力，但单一橡胶林的凋落物数量有限，仍存在水土流失的风险，建议在橡胶林管理和生态系统恢复过程中应注意以下几点：①要注意改善单一的种植结构，合理选择复合种植模式，如橡胶/大叶千斤拔、橡胶/可可、橡胶/乡土树种、橡胶/茶、橡胶/胡椒、橡胶/砂仁、橡胶/豆科绿肥等间作模式，以使整个生态系统具有更大的凋落物量，从而具备较大的保持水分的物质基础；②要合理安排人为管理活动，如适当减少雨季前期的割胶活动，以使凋落物在雨季中后期还能较好地发挥阻滞径流和拦截泥沙等水文功效；③平地胶园适当进行凋落物的压青培肥，但仍须保留一部分萌生带的枯枝落叶，避免萌生带的水土流失和土壤退化；④减少除草剂使用量，以增加地被物的组成部分，发挥更大的蓄水保土功效。

除草剂的使用对橡胶园凋落物生境环境的影响见图5-4，成龄橡胶园间作可可和间作肉桂见图5-5，幼龄橡胶园间作山毛豆和套作爪哇葛藤见图5-6。

未使用除草剂　　　　　　　　　　　使用除草剂

图 5 - 4　除草剂的使用对橡胶园凋落物生境环境的影响（薛欣欣拍摄）

间作可可　　　　　　　　　　　　　间作肉桂

图 5 - 5　成龄橡胶园间作可可和间作肉桂（薛欣欣拍摄）

间作山毛豆　　　　　　　　　　　　套作爪哇葛藤

图 5 - 6　幼龄橡胶园间作山毛豆和套作爪哇葛藤（薛欣欣拍摄）

参 考 文 献

曹恒，2014.青海高寒区不同人工林地土壤和枯落物的水文功能研究.北京：北京林业
　　大学.

陈明梅，李苇洁，杨瑞，等，2019.百里杜鹃景区马缨杜鹃林凋落物对土壤蒸发的影
　　响.水土保持通报，39（6）：60－65.

陈奇伯，张洪江，解明曙，1996.森林枯落物及其苔藓层阻延径流速度研究.北京林业
　　大学学报，18（1）：2－6.

崔鸿侠，张卓文，李振芳，2007.巴东县不同森林类型林下灌草和凋落物水文效应研
　　究.水土保持研究，14（5）：203－205.

高迪，2019.六盘山华北落叶松林枯落物时空特征变化及其水文效应.北京：北京林业
　　大学.

高人，周广柱，2002.辽东山区不同森林植被类型枯落物层截留降雨行为研究.辽宁林
　　业科技，5：1－4.

郭汉清，韩有志，白秀梅，2010.不同林分枯落物水文效应和地表糙率系数研究.水土
　　保持学报，24（2）：179－183.

韩冰，吴钦孝，刘向东，等，1994.林地枯枝落叶层对溅蚀影响的研究.防护林科技，
　　2：7－10.

韩学坤，吴伯志，安瞳昕，等，2010.溅蚀研究进展.水土保持研究，17（4）：
　　49－51.

何琴飞，郑威，彭玉华，等，2017.珠江流域中游主要森林类型凋落物持水特性.水土
　　保持研究，24（1）：128－134.

廖军，薛建辉，施建敏，2002.竹阔混交林的水文效应.南京林业大学学报，36（4）：
　　6－10.

林海礼，宋绪忠，钱立军，等，2008.千岛湖地区不同森林类型枯落物水文功能研究.
　　浙江林业科技，28（1）：70－74.

刘向东，吴钦孝，赵鸿雁，1991.黄土高原油松人工林枯枝落叶层水文生态功能研究.
　　水土保持学报，5（4）：87－92.

刘小娥，苏世平，2020.兰州市南北两山5种典型人工林凋落物的水文功能.应用生态
　　学报，31（8）：2574－2582.

刘效东，乔玉娜，周国逸，等，2013. 鼎湖山 3 种不同演替阶段森林凋落物的持水特性. 林业科学，49（9）：8-15.

刘勇，李国雷，2008. 不同林龄油松人工林叶凋落物分解特性. 林业科学研究，24（4）：500-505.

卢洪健，李金涛，刘文杰，2011a. 西双版纳橡胶林枯落物的持水性能与截留特征. 南京林业大学学报（自然科学版），35（4）：67-73.

卢洪健，刘文杰，罗亲普，2011b. 西双版纳山地橡胶林凋落物的生态水文效应. 生态学杂志，30（10）：2129-2136.

陆恩富，朱习爱，曾欢欢，等，2021. 西双版纳典型林型凋落物及其水文特征. 生态学杂志，40（7）：2104-2112.

罗亲普，刘文杰，2012. 不同橡胶林林冠下的土壤溅蚀率及穿透水侵蚀力比较. 土壤通报，43（6）：1348-1354.

罗札诺夫，1988. 土壤形态学. 北京：科学出版社.

孟玉珂，刘小林，袁一超，2012. 小陇山林区主要林分凋落物水文效应. 西北林学院学报，27（6）：48-51.

杞金华，章永江，张一平，等，2012. 哀牢山常绿阔叶林水源涵养功能及其在应对西南干旱中的作用. 生态学报，32（6）：1692-1702.

任泳红，曹敏，唐建维，等，1999. 西双版纳季节雨林与橡胶多层林凋落物动态的比较研究. 植物生态学报，23（5）：418-425.

汪思龙，陈楚莹，2010. 森林残落物生态学. 北京：科学出版社.

汪有科，吴钦孝，赵鸿雁，等，1993. 林地枯落物抗冲机理研究. 水土保持学报，7（1）：75-80.

王波，张洪江，杜士才，等，2009. 三峡库区天然次生林凋落物森林水文效应研究. 水土保持通报，29（3）：83-87.

王金悦，邓羽松，林立文，2020. 南亚热带 5 种典型人工林凋落物水文效应. 水土保持学报，34（5）：169-175.

王欣，高明达，杨飞，等，2012. 不同林龄华北落叶松人工林叶凋落物分解及养分动态比较. 东北林业大学学报，40（10）：56-66.

王佑民，刘秉正，1994. 黄土高原防护林生态特征. 北京：中国林业出版社.

吴钦孝，赵鸿雁，刘向东，等，1998. 森林枯枝落叶层涵养水源保持水土的作用评价. 水土保持学报，4（2）：23-28.

闫文德，张学龙，王金叶，等，1997. 祁连山森林枯落物水文作用的研究. 西北林学院学报，12（2）：8-15.

燕东，李意德，许涵，等，2011. 海南岛尖峰岭不同采伐方式热带雨林凋落物持水特性. 水土保持通报，31（2）：57-60，67.

杨海龙，朱金兆，齐实，等，2005. 三峡库区森林流域林地的地表糙率系数. 北京林业大学学报，27（1）：38-41.

杨清培，陈旭梅，李鉴平，等，2009. 信丰森林健康示范区主要森林枯落物持水与蒸发特征研究. 江西农业大学学报，31（5）：867-873.

余新晓，赵玉涛，程根伟，2002. 贡嘎山东坡峨眉冷杉林地被物分布及其水文效应初步研究. 北京林业大学学报，24（5/6）：14-18.

张德成，殷鸣放，陈宏伟，等，2006. 主要森林植被土壤及枯落物水分蒸发量动态研究. 安徽农业科学，34（10）：2210-2212.

张洪江，北原曜，远藤泰造，1994. 几种林木枯落物对糙率系数 n 值的影响. 水土保持学报，8（4）：4-10.

张洪亮，张毓涛，张新平，等，2011. 天山中部天然云杉林凋落物层水文生态功能研究. 干旱区地理，34（2）：271-277.

赵鸿雁，吴钦孝，从怀军，2001. 黄土高原人工油松林枯枝落叶截留动态研究. 自然资源学报，16（4）：381-385.

周卫卫，余雪标，王旭，等，2009. 海南琼中3种森林枯落物的现存量及持水特性研究. 安徽农业科学，37（13）：6236-6239.

周晓峰，李庆夏，金永岩，1994. 帽儿山凉水森林水分循环的研究. 林业部科技司. 中国森林生态系统定位研究. 哈尔滨：东北林业大学出版社.

朱金兆，刘建军，朱清科，等，2002. 森林凋落物层水文生态功能研究. 北京林业大学学报，24（5/6）：30-34.

朱兴武，张鸿昌，陈选，等，1993. 大通宝库林区森林枯枝落物层水文特征研究. 青海农林科技，4：1-6.

Liu W J, Liu W Y, Li J T, et al., 2008. Isotope variations ofthroughfall，stemflow and soil water in a tropical rain forestand a rubber plantation in Xishuangbanna，SW China. Hydrology Research，39：437-449.

Villegas J C, Breshears D D, Zou C B, et al., 2010. Ecohydrological controls of soil evaporation in deciduous drylands：How the hierarchical effects of litter, patch and vegetation mosaic cover interact with phenology and season. Journal of Arid Environments, 74 (5): 595 - 602.

Wilson K B, Hanson P J, Mulholland P J, et al. , 2001. A comparison of methods fordetermining forest evapotranspiration and its components: sap-flow, soil water budget, eddy covariance and catchment water balance. Agriculture and Forest Meteorology, 106: 153 - 168.

第六章　DIRT 实验研究进展

　　凋落物添加和去除实验，又称凋落物添加和去除转移实验（DIRT 实验），是一种控制土壤有机质输入来源和速率的长期监测与大尺度野外实验，也是国际上长期生态研究项目之一。实验目的是研究凋落物输入来源和速率如何影响森林土壤有机质和养分的积累和动态，并揭示气候变化对土壤有机质含量和土壤过程的影响（Wu et al.，2018；Nadelhoffer et al.，2004）。本章综述了目前 DIRT 实验的研究进展及未来研究方向，以期为推动我国在相关领域的研究提供理论参考和借鉴。

第一节　DIRT 实验概述

　　DIRT 实验最初是由威斯康星州大学的 Francis Hole 博士在 1956 年设计，建立在威斯康星州植物园的草地和森林生态系统中的一种长期、大尺度的野外实验，主要通过添加和去除地表凋落物来控制植物地上部分对土壤的碳输入；通过放置挡板阻止根系向样地内生长，以控制植物地下部分对土壤的碳输入。从 20 世纪 60 年代开始，国内外的研究者们陆续开展了大量的关于森林凋落物的控制实验。最初在这个实验中，草地样地中的草被割除、森林样地中的凋落物被移除，从而建立无凋落物小区；移除的凋落物添加到面积大小相同的双倍凋落物小区中，受此设计的启发，后来才有了 DIRT 实验（Nadelhoffer et al.，2004）。

　　DIRT 实验对凋落物的处理主要包括以下几种：①对照（control，CK），即样方具有正常的凋落物输入；②去除凋落物（no litter，NL），即从样方中移除地上部分的凋落物；③双倍凋落物（double litter，DL），即将 NL 样方中的凋落物加入本样方，使凋落物加倍；④去除根系（no root，NR），即采用在样方边缘挖沟的方法排除根系（沟的深度要达到土壤母质层顶部）；⑤无输入（no root and litter，NI），即移除地上部分凋落物，同时切断地下根的输入，样方内的植物等也被移除；⑥双倍粗木质（double wood，DW），加入粉碎的粗木质残体，使粗木质输入加倍；⑦去除有机层和淋溶层（O/A—LESS），即除去有机层和淋溶层之后，露出沉积层，并且允许正常的凋落物输入，每个凋落物处理 3 个重复。以往的 DIRT 实验中，并非都设置了以上 7 种处理。根据研究目的的不同有所调整。如 DW 和 DL 处理可以用来研究凋落物质量对土壤有机质（SOM）稳定性的影响；NR 和 NL 处理用来研究地上凋落物和地下凋落物输入对土壤 SOM 化学性质和稳定性的影响；NI 可作为野外土壤 SOM 分解实验，检验在缺乏任何凋落物输入的情况下，随时间的推移，土壤有机质组分的损失；O/A—LESS 处理可用来区分输入的总凋落物对土壤有机质的贡献，并研究土壤恢复到干扰前状况的时间进程。DIRT 实验设计见图 6-1（Lajtha et al.，2018）。

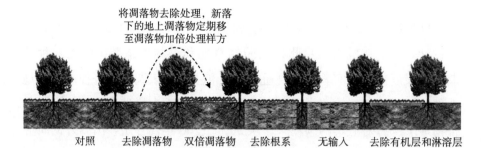

图 6-1　DIRT 实验设计

目前，DIRT 实验已在全球多个国家开展，根据 Lajtha 等（2018）对 DIRT 实验的综述，有 9 个 DIRT 实验已经联网开展研究，分别为：①1956 年，在威斯康星州植物园（Wisconsin Arboretum）建立的落叶混交林实验；②1990 年，在马萨诸塞州的 Harvard 森林中建立的由北方红栎（*Quercus borealis* Michx. F.）、红枫（*Acer rubrum* L.）和纸桦树（*Betula papyrifera* Marsh.）组成的过渡/混合阔叶林混交林实验；③1991年，在宾夕法尼亚州的 Bousson 森林中建立的以黑樱桃（*Prunus serotina* Ehrh.）/糖槭（*Acer saccharum* Marshall）、山毛榉（*Fagus grandifolia* Ehrh.）、红栎枫（*Quercus rubra* L.）组成的混交林实验；④1997年，在俄勒冈州的 Andrews 实验林中建立的西部铁杉［*Tsuga heterophylla*（Rafinesque）Sargent］和冷杉［*Pseudotsuga menziesii*（Mirb.）］组成的温带针叶林实验；⑤2004年，在密歇根州的生态实验站建立的橡树林温带落叶林实验；⑥2013年，在圣丽塔实验区和野生动物区（SRER）建立的草地/灌木混交实验；⑦2013年，在 Reynolds Creek 流域建立的草地/灌木混交实验；⑧1999年，在德国拜罗伊特森林中建立的欧洲山毛榉（*Fagus sylvatica* L.）和无梗花栎［*Quercus petraea*（Matt.）Liebl.］组成的阔叶林实验；⑨2000年，在匈牙利 Sikfokut 建立的橡树林实验。

DIRT 实验研究方法以其独有的魅力，吸引了众多研究者的眼球，该实验方法在森林生态系统研究方面的应用主要包括以下几个方面：①凋落物的不同处理对土壤氮含量及循环的影响；②凋落物添加和移除对土壤呼吸及碳循环的影响；③凋落物的不同处理对土壤微生物的群落结构和功能的影响；④凋落物的不同处理对凋落物分解的影响。近年来，DIRT 实验方法作为一种科学的研究方法，被广泛运用于不同类型森林生态系统不同方面的研究中，这种长期的实验，为未来研究者系统研究土壤提供了很好的长期样地和试验平台，还可以开展一系列短期的研究。

国内学者设计了不同的 DIRT 实验，并开展了大量的研究，具有代表性的有在湖南会同森林生态系统国家野外科学观测研究站开展的杉木人工林长期研究（王光军等，2009a，2009b，2009c，2009d）；在福建三明森林生态系统与全球环境变化实验站开展的 DIRT 实验（马红亮等，2013；李晓杰等，2016；卢胜旭等，2020）；在广东鼎湖山生物圈保护区开展的 DIRT 研究（马川等，2012；Huang et al.，2016）；在湖北丹江口五龙池实验站柏树人工林开展的 DIRT 处理的系列研究（Wu et al.，2017，2018，2019，2022）；左嫚等在云南玉溪磨盘山森林生态系统国家定位观测研究站开展的研究（左嫚等，2021）；在黑龙江帽儿山森林生态站开展的研究（Yu et al.，2021）等。以上众多研究主要集中在不同凋落物处理对土壤微环境、土壤呼吸、土壤团聚体及其碳分布、土壤微生物群落及其结构等方面。

第二节　DIRT 对森林土壤微环境的影响

土壤微环境是生态环境的重要组成部分，包括土壤结构、水分、养分和温度等核心因素。凋落物在陆地生态系统中起到两方面重要的作用：一是地表和地下凋落物对土壤 SOM 的影响；二是凋落物对土壤表层小气候形成的影响（Sayer，2006）。

一、土壤结构

凋落物是土壤 SOM 的主要来源，强烈影响土壤的结构并增加其稳定性（Marshall et al.，1996）。土壤容重、土壤孔隙、土壤团粒结构等是土壤结构中的重要参数。研究表明，土壤森林群落演替过程中土壤容重的变化与凋落物量、凋落物组成有关；植物根系的根长密度与比根长较大，根系腐烂后能提供与根系体积等量的土壤孔隙，对土壤理化性质的改良比地上部分的凋落物更具有意义（张秀娟等，2005）。植物根系，尤其是细根以及共生菌根真菌的菌丝、根系分泌物等是土壤形成团聚体的重要胶结机制（Six et al.，2002），其中，细根和菌丝能够将小团聚体联结形成大团聚体，大团聚体的形成不仅使土壤结构更加稳定，抗侵蚀能力增强，而且还为大团聚体内部的小团聚体形成提供了场所。因此，土壤根系生物量输入增加有利于改善土壤的容重和孔隙度，进而改善土壤结构（葛晓改等，2012）。

以往 DIRT 实验对土壤孔隙度、容重等指标的定量研究报道较少，但相关研究发现，长期耙过的森林表层土壤容重可高达未受干扰林地的两倍，孔隙度降低，土壤紧实度增加，并且随土壤深度的增加，影响变大（Mitscherlich，1955）。造成以上现象的原因与森林表层凋落物去除后引起的降雨击溅、人为踩踏以及土壤有机质含量降低有关。

团粒结构方面，吕思扬等（2022）对华西雨屏区常绿阔叶林的研究表明，凋落物添加和去除处理降低了 $0\sim10cm$ 土壤团聚体的质量百分比，但未达到显著水平，同时对土壤团聚体的稳定性并未产生影响。吴君君（2017）研究表明，去除根系和无碳输入处理 2 年后土壤大团聚体比例显著低于其他处理，去除根系和无碳输入处理表层土壤大团聚体含量较对照分别降低了 23.4% 和 27.7%，显著增加了小于 $53\mu m$ 团聚体的含量，增幅分别为 43.9% 和 64.8%，并且降低了土壤水稳性团聚体的平均质量直径，土壤结构和稳定性变差，抗侵蚀能力减弱。主要原因在于挖壕沟处理使根系死亡，随着根系的分解，大团聚体的形成机制不复存在，进而使大团聚体的比例降低。

二、土壤温度

凋落物覆盖通过减少土壤表面的蒸发和辐射拦截对土壤温度的波动起到缓冲作用（Ogee et al.，2002），进而推迟了温带地区冬季土壤冻融时间，延长了植被的生长时期；去除凋落物造成了土壤温度的更大波动和温暖期土壤温度的升高（Judas，1990）。有凋落物覆盖的地块，无论是添加凋落物处理，还是对照，全年的土壤温度变化波动均较小（Facelli et al.，1999）。

Fekete 等（2016）通过 DIRT 实验研究了凋落物添加和去除对匈牙利东北部落叶林土壤微气候的影响，结果表明，凋落物对土壤温度的影响主要体现在夏季和冬季；与对照和添加凋落物处理相比，去除地上凋落物明显降低了冬季土壤温度，最低温度可以降低到 0℃ 以下，而添加凋落物处理并未出现有 0℃ 以下的温度（图 6 - 2）。主要原因可能为：

添加凋落物处理使土壤具有较高的土壤呼吸速率，从而产生了一定的保温效应。进入春夏季，土壤温度逐渐增加，添加凋落物处理的土壤温度增幅却又低于凋落物去除处理，说明凋落物厚度可减少极端土壤温度的影响，并可调节最低和最高温度值，为土壤生物创造更加平衡的小气候环境。

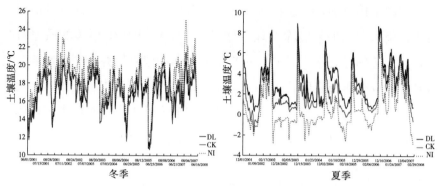

图 6-2　添加凋落物（DL）、对照（CK）和无输入（NI）处理在冬季和
夏季的土壤温度动态变化（Fekete et al.，2016）

三、土壤水分

凋落物层通过减少土壤的蒸发，同时吸持一部分降水，从而调节土壤水分含量。Ginter 等（1979）研究发现，在降雨后，去除凋落物处理的土壤含水率有短暂的增加，但是当遇到干旱季节时，土壤含水率相比添加凋落物处理有明显下降的趋势。与未受干扰的林分相比，长期耙过的森林土壤中上层土壤的持水能力降低了 13%～14%，下层土壤的持水量降低了 4%～7%。

根系对土壤含水率的影响机制主要体现在其蒸腾作用方面。Fekete 等（2016）研究发现，由于缺乏蒸腾作用，去除根系显著增加了土壤含水率，也增加了土壤水分的日变化幅度。另外，在匈牙利 Sikfokut 的DIRT 实验研究发现，相比于对照处理，去除根系处理的土壤水分增幅为 86%；在美国安德鲁 Oregon 州的 DIRT 实验增幅为 9.3%，而在宾夕法尼亚州的 Bousson DIRT 实验增幅则为 17.5%（Brant et al.，

2006a)。以上研究也印证了 Fekete 等（2016）的研究结果。

四、土壤 pH

土壤 pH 主要由土壤水溶液中的阳离子（如氢离子、铝离子）的浓度来决定。黏土颗粒和土壤有机质复合体为阳离子提供了负性结合位点，在 pH 接近中性或碱性的土壤中，钙、铵、钾和镁等阳离子取代了这些交换位点上的氢离子和铝离子，然而上述阳离子并未完全与土壤紧密结合，其可以与土壤溶液中的其他阳离子发生交换。因此，土壤阳离子交换量（CEC）在土壤系统中起到缓冲作用，控制着养分的输入和释放。由此可见，土壤有机质的性质强烈影响 CEC 和养分有效性。

土壤有机质或腐殖质对土壤 pH 的影响具有双重作用。研究发现，有机质的微生物分解通过释放有机酸而加剧土壤酸化，去除凋落物可以通过减少有机酸的释放量来改善土壤酸化，抑或通过减少可交换阳离子的供应来加剧酸化（Sayer，2006）。

研究发现，凋落物调控对土壤 pH 的影响与土壤初始的 pH、土壤及植被类型的关系较为密切，即在混交落叶林或混交松落叶林中，初始土壤 pH 较高（5.0～5.5）时，去除凋落物加剧了土壤的酸化；在针叶林中，初始土壤 pH 略低（4.5～5.0）时，去除凋落物对土壤 pH 不产生影响，而当初始土壤 pH 很低（3.0～3.5）时，去除凋落物提高了土壤 pH，改善了土壤酸化。由此可见，去除凋落物导致土壤 pH 与降雨 pH 相似，这也表明去除凋落物降低了土壤对 pH 变化的缓冲能力（Sayer，2006）。

第三节　DIRT 对森林土壤有机碳的影响

地上凋落物和地下凋落物作为森林土壤有机碳的主要来源，其输入数量和质量的微小改变都可能引起土壤碳循环巨大变化；人为改变有机物质输入的数量和质量可以增强或降低土壤有机碳转化速率，能够在短期内观察到土壤碳库和碳循环的变化（王清奎，2011）。

由于土壤有机碳水平并非无限度增加，而是存在一个最大容量（即"碳饱和"），因此，凋落物输入与土壤碳库之间呈非线性相关（Lajtha et al.，2018）。另外，由于"激发效应"的存在，加快了土壤原有有机质的周转速率，凋落物输入的倍增增强了土壤微生物呼吸作用或根际分解，进而加剧了土壤有机质的矿化，降低土壤碳库容量（陈静文，2018）。

从多方面分析森林土壤有机碳对碳输入的响应程度，有利于进一步加深对全球环境变化背景下森林土壤碳循环的响应及其机制的理解。

一、凋落物去除和添加对土壤有机碳的影响

（一）有机碳含量

Lajtha 等（2014a）假设添加凋落物（叶、树枝）能够快速增加表层土壤有机碳含量，而去除凋落物（去叶、去根和无输入）将降低土壤表层有机碳含量，并在美国 Wisconsin 植物园森林中的两个 DIRT 实验中证实了这一假设。尽管如此，在其他 DIRT 长期实验中，凋落物去除和添加对土壤有机碳的影响存在与上述假设不一致的结果，如添加凋落物处理 20 年后，宾夕法尼亚州 Bousson 森林、马萨诸塞州 Harvard 森林、俄勒冈州的 Andrews 和威斯康星州植物园实验林的土壤表层土壤有机碳含量变化却较小，甚至出现较对照下降的现象，但未达到显著水平，去除凋落物的土壤表层有机碳含量均显著降低（Bowden et al.，2014；Crow et al.，2009；Lajtha et al.，2014a；Lajtha et al.，2014b）。

国内关于 DIRT 实验对土壤有机碳影响的研究时间相比国外的研究较短。Wang 等（2021）在中科院野外台站——清远森林生态试验站的天然阔叶红松混交林中开展了 DIRT 实验。该试验于 2012 年开始，包括添加凋落物、去除凋落物和对照 3 个处理，于实验开始后的第 5 年采

集土壤样品并进行分析，结果显示，DIRT 对土壤有机碳含量未产生显著影响，但添加凋落物处理林地 10～20cm 土层有机碳组分中的木质素酚和脂肪酸含量显著高于去除凋落物处理，说明在凋落物处理下，这些植物生物聚合物在 10～20cm 土壤中具有选择性积累的特点（Wang et al.，2021）。Wu 等（2018）在丹江口五龙池实验站的侧柏［*Platycladus orientalis*（Linn.）Franco］针叶树人工林开展了 DIRT 实验，该实验于 2014 年开始，包括添加凋落物、去除凋落物、去除根系、无输入和对照 5 个处理，并于 2015 年和 2016 年采集土壤样品并分析，结果表明，DIRT 对林地 0～10cm 土壤总有机碳含量未产生显著的影响，但去除根系处理造成土壤有机碳含量的降低幅度大于去除凋落物处理。孙轲等（2021）在云南省玉溪市新平县磨盘山森林生态系统国家定位观测研究站云南松林地开展为期一年的 DIRT 实验，结果发现，去除凋落物短期内可以增加土壤碳储量，而其他处理均在一定程度上减少了土壤碳、氮储量；地上部凋落物输入对 0～20cm 土壤碳、氮影响显著，根系输入则对 20～40cm 土壤碳、氮影响显著。

（二）有机碳组分

高质量的土壤底物与活跃的微生物活性密切相关，从而导致土壤有机质的快速分解，土壤有机质的质量取决于外源碳输入的数量和质量，并能通过其在活性和惰性土壤碳库中的分布体现出来（Peltre et al.，2012）。长期地上凋落物的输入不仅显著促进了活性碳组分和大团体中碳含量，同时也显著增加了稳定性碳组分以及矿质碳组分的含量。另外，叶凋落物和混合凋落物的加倍输入显著降低了 0～5cm 和 5～10cm 土层中活性炭组分的分布，却显著增加了难降解性碳组分的分布，即凋落物的输入增加土壤碳组分的相对稳定性（郭晓伟，2020）。Veres 等（2015）对 2000 年在威斯康星州建立的 DIRT 实验进行研究发现，在经过 10 年的 DIRT 实验后，对照处理和添加凋落物处理的有机碳轻组分含量（LF）显著高于去除凋落物处理。

二、地上凋落物与根凋落物对土壤有机碳的贡献比较

近年来，根凋落物碳作为草原和农田生态系统土壤碳的来源逐步受到重视。但是根系凋落物对森林生态系统土壤有机碳的影响相对较为复杂，根凋落物和叶凋落物对土壤有机碳的贡献孰重孰轻的问题仍存在较大争议（Hu et al.，2016）。叶凋落物主要影响表层土壤有机碳库，而对深层土壤影响较小（Foster et al.，2006）。还有研究认为，植物根凋落物和根系分泌物是土壤碳的主要来源。Whalen 等（2021）在美国密歇根州生态实验站 DIRT 实验的研究发现，经过 10 年的去除根系后，土壤碳库储量显著下降。然而，去除地上凋落物处理对土壤碳库储量没有影响。Cao 等（2020）在鹤山国家森林生态系统野外观测研究站的厚荚相思林和尾叶桉人工林进行的 DIRT 实验研究发现，DIRT 处理 6 年后，去除凋落物处理和无输入处理的 0～10cm 土壤有机碳含量显著降低，而去除根系处理则对土壤有机碳含量无影响；在亚热带人工林中，植物叶片凋落物在维持有机碳库平衡方面比根系更为重要。根凋落物对土壤有机碳影响较小，这可以从两个方面进行解释：①根系凋落物碳的输入平衡了激发效应造成的碳损失；②根系凋落物碳的输入量本来就比叶凋落物的碳输入量少，并且根的分解速率比叶凋落物分解速率慢。

第四节　DIRT 对森林土壤酶活性的影响

土壤酶在催化、分解和养分周转有关过程中起到关键作用，其在土壤中的活性可作为土壤健康的衡量标准。土壤酶还是土壤微生物作用于土壤环境的媒介，其活性对土壤环境的变化十分敏感。因此，测定土壤酶活性对了解土壤微生物群落功能与环境因子的关系具有重要意义。

细菌和真菌分泌胞外酶（如磷酸酶、β-葡萄糖苷酶、多酚氧化酶等），它们是构成土壤基质的重要组成部分，在凋落物分解和土壤有机碳矿化过程中具有重要角色。磷酸酶通过水解磷酸单酯将底物分子上的

磷酸基团除去，并生成磷酸根离子和自由羟基，可以很好地指示土壤的有机磷矿化潜力和生物活性；β-葡萄糖苷酶纤维素酶类，是纤维素分解酶系中的重要组成成分，能够水解结合于末端非还原性的β-D-葡萄糖键，同时释放出β-D-葡萄糖和相应的配基，其对外源添加有机物的响应是较为敏感的（Sinsabaugh et al.，1993）。凋落物的去除和添加通过改变土壤理化性质、微生物群落结构，进而影响酶活性。

Kotroczó 等（2014）认为，凋落物输入量的增加为土壤提供了易变的碳组分，进而增加磷酸酶和β-葡萄糖苷酶活性；他通过对 2000 年在匈牙利北部建立的 Sikfokut DIRT 实验进行采样分析，研究了土壤中酶活性受凋落物去除和添加的影响，结果表明，与对照相比，添加凋落物处理对土壤酶活性无显著影响，而去除根系则引起土壤酶活性显著降低，进而得出，土壤酶活性变化主要受根系周转及其分泌物提供可利用的、不稳定的碳来驱动，而不是受地上凋落物输入变化的影响。另外，去除凋落物造成土壤理化性质发生变化，Ca^{2+} 和 Mg^{2+} 的含量降低，土壤酸化加剧，进而抑制了酶活性（Tóth et al.，2011）。

Fekete 等（2011）对 2000 年在威斯康星州半天然林中建立的 Sikfokut DIRT 实验研究发现，DIRT 处理 3 年之后，添加凋落物处理和对照处理的蔗糖酶和芳基硫酸酶活性显著高于其他处理，土壤水分与两种酶活性呈显著相关。Veres 等（2015）在该实验研究中发现，经过 10 年的 DIRT 实验后，添加凋落物处理相比对照，β-葡萄糖苷酶、多酚氧化酶活性并没有发生显著的改变，而去除根系和去除凋落物处理显著降低了β-葡萄糖苷酶活性，并且这种现象随时间的延长而加剧；多酚氧化酶活性没有随根系和凋落物去除而降低，这与β-葡萄糖苷酶主要分解纤维素、对底物的可利用性比较敏感，多酚氧化酶具有分解高度惰性有机物（木质素）的特性有关，木质素较纤维素在土壤中更加稳定；去除根系和凋落物处理显著降低了易变的有机物，进而导致β-葡萄糖苷酶活性变化剧烈。β-葡萄糖苷酶、多酚氧化酶活性与总有机碳含量相关性不显著，而与轻组有机碳含量呈极显著正相关，这也说明酶活性对易变有机碳的响应更敏感。

刘星等（2014）对太岳山油松林地开展 3 年的 DIRT 实验进行研究，结果表明，去除凋落物、去除根系处理均显著抑制了土壤纤维素酶、蔗糖酶、脲酶和中性磷酸酶等水解酶的活性，其中蔗糖酶活性和纤维素酶活性的变化受天然林和人工林类型的影响。去除根系处理对水解酶的抑制作用大于去除凋落物处理，并且提高了土壤过氧化物酶活性，这可能与挖壕沟之后产生的大量死根为腐殖质合成提供了大量底物有关，该部分结果与 Whalen 等（2021）的研究结果相似，Whalen 等在密歇根大学生物实验站的研究发现，根系或凋落物处理对水解酶活性（β-葡萄糖苷酶、N-乙酰氨基葡萄糖苷酶）没有影响，但去除根系会导致过氧化物酶活性增加。

土壤胞外酶在介导土壤有机质分解中起着核心作用，其中纤维素酶和木质素酶的活性可以用来评价微生物对碳利用的偏好。Wu 等（2022）在丹江口五龙池实验站进行 DIRT 实验，研究了纤维素酶和木质素酶活性对凋落物调控的响应，研究发现，凋落物处理 2 年后，与对照相比，去除凋落物对纤维素酶活性没有影响，而添加凋落物处理下纤维素酶活性显著增加，增幅达 55.7%。去除凋落物和无输入处理下木质素酶活性显著增加，增幅分别为 60.1% 和 46.9%，但添加凋落物对木质素酶活性无显著影响；去除凋落物显著提高了木质素酶活性与纤维素酶活性的比值，其主要归结于真菌和革兰氏阳性细菌群落的比例增加。木质素酶活性与纤维素酶活性的比值增加与微生物代谢熵显著正相关，因此，当凋落物源输入量减少的情况下，微生物代谢熵的增加会加速土壤碳损失，不利于土壤固碳。

第五节 DIRT 对森林土壤微生物
及其群落结构的影响

微生物生物量及其群落组成是影响土壤物理过程、化学过程和生物过程的重要因子。凋落物输入调控土壤微生物的生理过程和代谢过程，凋落物碳输入的数量和质量都会引起微生物群落生物量、结构和活性的改变（万晓华等，2016）。DIRT 实验是通过改变地上、地下碳输入来研究植物和土壤微生物群落之间反馈作用的有效方法。

一、DIRT 对土壤微生物生物量的影响

Hooker 等（2008）对美国怀俄明州 3 个不同生态系统（sage-brush, crested wheat-grass, cheatgrass）的研究表明，添加凋落物使土壤微生物量碳（MBC）增加 13%。Whalen 等（2021）在密歇根大学生物实验站的 DIRT 研究中发现，与对照相比，地上凋落物处理中凋落物添加和混合凋落物添加均增加了土壤 MBC 含量，但未达到显著水平；去除凋落物处理对 MBC 含量未产生显著影响，而根系去除处理使土壤 MBC 含量降低了 51%，表层土壤微生物量氮（MBN）含量及其与 MBC 含量的比值也并未因地上凋落物处理而产生显著差异。也有研究显示，添加凋落物或去除处理均对土壤 MBC 没有影响（Brant et al.，2006b），而凋落物去除降低了 MBC 含量（Li et al.，2004）。吴君君（2017）研究表明，DIRT 处理半年和 1 年后，无凋落物输入处理显著降低了微生物生物量，添加凋落物处理则对微生物生物量没有影响，处理 2 年后，添加凋落物处理中土壤微生物生物量显著增加，其他处理则对土壤微生物生物量无影响。微生物生物量对去除凋落物的响应比添加凋落物的响应更为强烈。

在森林生态系统中，树木环割和根系去除是两种不破坏土壤结构的可行方法，前者通过截断树干韧皮部来阻止光合产物向地下部分输入碳，后者通过阻止根系分泌向土壤输入碳（Lajtha et al.，2018；Zeller et al.，2008）。树木环割和去除根系对土壤 MBC 的影响表现为降低或无影响。例如，在对瑞典北部欧洲赤松林和挪威云杉林的研究中发现，树木环割处理 1 个月和 7 个月后，土壤 MBC 含量分别降低了 30% 和 40%（Hogberg et al.，2001；Subke et al.，2004）。与此相反，在对瑞

士欧洲栗林中的研究中发现，树木环割并未引起土壤 MBC 含量的变化（Frey et al.，2006）。此外，国内相关研究也发现，树木环割后厚荚相思林土壤 MBC 含量增加了 25%，而桉树林土壤 MBC 含量并未受到影响（Chen et al.，2010）。由此可见，树木环割和去除根系对土壤微生物生物量的影响存在树种和区域差异（王清奎，2011）。

二、DIRT 对土壤微生物群落结构的影响

微生物可利用的碳源主要来自地上凋落物及其淋滤物质、根系分泌物和土壤有机质。凋落物输入的改变会影响土壤微生物群落组成。例如，Brant 等（2006a）在温带落叶栎林 DIRT 实验中发现，根系凋落物输入对土壤微生物群落的影响要远大于地上部凋落物的碳输入，根输入是导致土壤微生物群落发生变化的主要因素。Wang 等（2013a）在我国亚热带地区的研究也发现了上述同样的结果，同时，杉木人工林中去除凋落物仅降低了细菌与革兰氏真菌的生物量比值，去除根系则同时降低了革兰氏阴性细菌与革兰氏阳性细菌的比值以及细菌与真菌的比值，其中，革兰氏阴性细菌与革兰氏阳性细菌比值的差异一定程度上也反映了土壤微生物群落组成的变化。

Yu 等（2021）在帽儿山生态站天然次生林中开展了 DIRT 实验，利用高通量基因测序和生态网络分析研究细菌微生物群落对凋落物调控的响应，结果表明，去除根系处理显著降低了酸性细菌的相对丰度；去除凋落物处理显著降低了吸收甲烷（CH_4）相关功能的细菌的丰度；地下根系对土壤细菌群落结构的影响大于地上凋落物。微生物群落结构的变化主要是受控于 DIRT 处理引起的土壤温度、含水率、可溶性有机碳和硝态氮含量的改变。

Whalen 等（2021）通过密歇根大学生物实验站 DIRT 实验对根际调控温带森林土壤真菌群落的研究发现，与对照相比，去除根系处理对土壤真菌生物量产生极显著影响，其降幅达 61%，而去除凋落物处理对土壤真菌生物量的影响仅达到边际显著水平。去除根系处理真菌生物

量的下降主要是由外生菌根真菌（ECM）和腐生生物的生物量减少造成的，这两种微生物的生物量分别降低了 60% 和 65%；去除凋落物处理仅造成外生菌根真菌生物量有略微下降的趋势，而对腐生生物的生物量无影响。真菌生物量和土壤碳之间具有显著的正相关关系，腐生生物的生物量在其中起到主要的驱动作用。由此可知，真菌群落是将地表植物和地下植物输入转化为土壤有机质的重要媒介，研究真菌群落组成有助于理解这些凋落物碳输入源对有机质的重要性。

另外，也有大量研究证实了去除根系处理显著降低微生物总生物量，这与真菌生物量下降有直接关系（Beni et al.，2014；Wang et al.，2017）。由于菌根真菌依赖于与植物根系的共生，根系碳为根际腐生微生物的代谢和生物量合成提供底物，根系去除让真菌赖以生存的环境遭到破坏，失去了大部分有利于其生存的环境。因此，去除根系后微生物生物量的降低可以通过共生真菌的降低来解释。

第六节 DIRT 对森林土壤呼吸的影响

土壤呼吸包括土壤有机质微生物分解过程中释放的 CO_2，以及根和土壤动物呼吸的 CO_2，凋落物碳输入影响土壤 CO_2 排放。以往针对凋落物输入与土壤呼吸的关系的研究主要集中在凋落物呼吸、凋落物呼吸温度敏感性、凋落物呼吸贡献率、凋落物对土壤呼吸的影响等方面。

一、DIRT 对土壤呼吸的影响

全球环境变化因素导致的植物凋落物输入改变通过调节土壤小气候，影响易变和稳定的土壤碳库，进而影响微生物介导的土壤—大气温室气体交换速率，陆地生态系统地上植物凋落物的生物地球化学对凋落物输入响应的概念模型见图 6-3（Cui et al.，2022）。

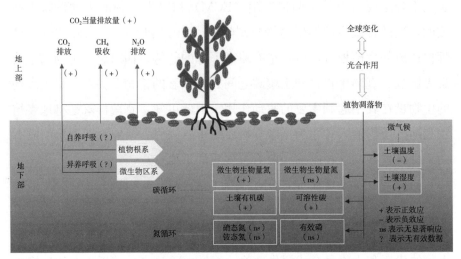

图 6-3　陆地生态系统地上植物凋落物的生物地球
化学对凋落物输入响应的概念模型

从以往研究来看，凋落物输入可增加土壤呼吸。张彦军（2020）等通过 Meta 分析研究了土壤呼吸对凋落物输入的响应，结果表明，与去除凋落物相比，凋落物输入引起土壤呼吸显著增加，增幅为 $19.1\%\sim$ 64.3%，平均增加 34.3%。分析其原因主要有以下几点：①凋落物碳输入为土壤微生物提供了大量的可利用碳源和营养元素；②新鲜凋落物输入后会对原有土壤有机质产生激发效应，进而增加土壤呼吸；③凋落物输入使土壤微环境发生变化，导致土壤呼吸的增加。但也有研究表明，DIRT 处理对土壤 CO_2 通量没有影响，而土壤呼吸受季节的影响更为显著，在冬季时，DIRT 处理对土壤呼吸有显著影响，表现为添加凋落物处理显著高于其他去除凋落物处理（Fekete et al.，2014）。

土壤呼吸对凋落物碳输入改变的响应受森林类型的影响。Li 等（2004）研究表明，去除凋落物或去除根系均显著降低了次生林和松树林的土壤呼吸，与对照相比，松树林去除根系对土壤 CO_2 排放的影响大于凋落物去除，但在次生林中观察到与上述结果相反的现象。凋落物输入情况下，阔叶林土壤呼吸增加 28%，针叶林植被增加 34.1%，而混交林增加了 22.0%。随着树龄的增长，土壤呼吸的增加呈现抛物线的变化趋势，幼龄林、中龄林和成熟林分别增加了 18.6%、45.2% 和 34.6%。

地上凋落物和根系凋落物输入对土壤呼吸的贡献存在较大差异（Li et al.，2004；Wang et al.，2013b）。因此，评估地上凋落物和根系输入在不同森林生态系统中调节土壤 CO_2 排放的相对重要性，对于宏观尺度上理解碳循环至关重要。Lajtha 等（2018）对 5 个 DIRT 实验点的研究结果进行了统计分析，结果表明，来自根系的呼吸占总土壤呼吸的 8%～38%，而来自地上部凋落物的呼吸占总土壤呼吸的 15%～46%（表 6-1），结合相关的研究认为，根呼吸与土壤碳氮含量以及土壤碳氮比呈负相关关系；地上部凋落物呼吸的贡献与土壤肥力呈正相关关系。由此可见，在低肥力地区，树体对养分的需求造成根系生物量和根际呼吸占据较大的比例。此外，研究发现，密歇根州生态实验站的根系生物量最低，根系呼吸的占比却最高（Bowden et al.，2014；Lajtha et al.，2014b），将根际内根系和微生物呼吸联合起来可以解释密歇根州生态实验站土壤总呼吸速率最高的现象。

表 6-1　根呼吸、地上凋落物和地下凋落物分解引起的土壤呼吸所占土壤呼吸的比例（%）

地点	类型	土壤呼吸组成			
		根	地上部凋落物	地下部凋落物	总地下部分
Sikfokut	阔叶林	8	46	46	54
Bousson	阔叶林	15	30	55	70
Hvarvard	阔叶林	33	29	37	70
Michigan	阔叶林	38	15	48	86
Andrews	针叶林	22	19	59	81

数据来源：Lajtha 等，2018。

另外，土壤肥力对土壤 CO_2 的来源具有较强的调控作用。随着气候变暖和氮沉降等人为因素的影响，土壤肥力-土壤呼吸的关系也随之发生着动态的变化。土壤呼吸是森林生态系统和全球碳通量的主要组成部分，森林生态系统或全球碳收支模型应考虑到地上和地下部分对土壤呼吸的相对贡献差异，以更好地量化土壤呼吸潜在变化对土壤有机碳异养呼吸的响应。

DIRT 实验有助于评估自养呼吸和异养呼吸对土壤总呼吸的相对贡献，准确评价对于理解碳收支和模拟森林碳动态具有重要作用。土壤 CO_2 排放是植物根系（自养呼吸）和微生物群落（异养呼吸）代谢过程的产物，自养呼吸消耗的底物直接来源于植物光合作用产物向地下分配的部分，而异养呼吸则利用凋落物和根系分泌物向土壤中转化的有机碳。研究表明，异养呼吸占森林土壤总呼吸的 70% 以上（Sulaman et al.，2005）。

王春燕等（2013）对海南不同树龄橡胶林通过隔根法、清除凋落物等方法研究了土壤呼吸组分特征，结果表明，土壤微生物呼吸占土壤呼吸的比例最高，为 43.6%；根系呼吸次之，为 36.1%；凋落物呼吸较小，为 20.4%。Zhang 等（2021）对西双版纳橡胶林的研究表明，凋落物去除使土壤异养呼吸降低 27%～45%；也证实了橡胶林的异养呼吸高于天然林，进而导致橡胶林土壤碳损失增加，主要原因与土地利用方式变化引起土壤物理环境变化有关，而与凋落物输入或土壤生物化学性质的关系较小。

汪金松等（2012）在山西自然保护区灵空山林场的油松林中的研究发现，根系去除使土壤呼吸速率总体降低 10.8%，直接原因是根系去除切断了植物生理活动的"维持呼吸"（指维持生命代谢所需能量的呼吸），阻止植物地上部分的光合产物向地下部分的分配，减少了通过根系分泌向土壤的碳输入；根系分泌物的有机物和根凋落物在土壤中很容易被微生物利用，随着可利用碳源的减少，微生物活性也受到明显的影响或抑制。

二、激发效应

土壤激发效应，定义为响应凋落物输入增加而加速分解土壤原有

SOM 的现象，是土壤生态系统中活的组成部分和死的组成部分之间的相互作用，特别是活的土壤微生物群落和死的土壤有机质。去除或添加凋落物可能引起土壤有机质的短期变化，从而引起土壤呼吸的激发效应。一般而言，激发效应是由凋落物输入量增加引发的一系列土壤过程，导致微生物生物量、呼吸作用和胞外酶活性的增加，随着时间的推移，这些过程改变了土壤微生物群落结构，并增加了 SOM 分解，从而减少了土壤碳储量。

在美国俄勒冈州的 Andrews 温带针叶林中，凋落物添加产生的正激发效应为 $11.5\% \sim 21.6\%$，即每年多释放 $137 \sim 256 g/m^2$（Crow et al.，2009）的碳，土壤退化加剧，其主要表现为：①与对照相比，凋落物添加处理可溶性有机碳含量下降；②由于微生物的降解作用，可溶性有机碳含量增加；③真菌生物活性在土壤表面较高。Prévost-Bouré 等（2010）在研究法国巴黎东南部的温带落叶林时发现，添加凋落物所产生的激发效应可持续 1 年之久。不同的森林类型，添加和去除凋落物所引起土壤呼吸激发效应的持续时间不尽相同（Fontaine et al.，2007）。

激发效应还受森林类型、气候条件、营养状况等因素的影响。例如，在 Sikfokut 的 DIRT 实验中发现，凋落添加的前 8 年内并没有引起土壤呼吸作用的增加，同时，$0 \sim 5 cm$ 土层中的碳含量得到增加，主要与低降水量和夏季高温抑制了土壤有机碳的分解有关，进而提高了土壤碳含量（Fekete et al.，2014）。Wang 等（2017）研究表明，凋落物添加加速了土壤有机质的降解，为激发效应造成土壤有机质分解提供了较好的证据。Reynolds 等（2018）通过实验室培养发现，总碳含量或呼吸的累积 $CO_2 - C$ 没有变化，但凋落物加倍处理的土壤脂类含量明显增加，由此可知，凋落物添加可能会加快老碳向新碳的更替进程。总的来看，激发效应可能随培养天数、周数和月数的增加而延迟，主要取决于外源凋落物输入时间和输入速率。

三、问题和展望

国内外针对凋落物输入改变的相关研究已经开展了大量的工作，多集中于对土壤碳库，尤其是土壤呼吸的影响。凋落物输入的改变对土壤微环境、土壤团聚体及其碳的分布、土壤微生物及酶活性等涉及得较少或比较分散。目前，有关土壤微生物—凋落物输入—土壤呼吸之间内在联系的研究仍相对匮乏，并且未能把土壤有机碳循环的关键环节——土壤微生物与土壤酶活性结合到有机碳的输入到输出过程当中。

未来研究的方向可能有以下几点：①扩大 DIRT 研究的范围，目前相关研究主要集中在温带森林，尚缺乏对热带和亚热带森林的研究，我国亚热带常绿阔叶林和热带雨林的面积庞大，在森林结构和生态系统过程等方面都具有其独特的属性，有别于其他气候带森林；②利用同位素标记技术，追踪凋落物分解产物在团聚体结构中的分布特征，以及区分不同凋落物对土壤有机碳的相对贡献，或运用同位素标记技术定量研究添加凋落物所引起土壤呼吸的激发效应；③将氮沉降与凋落物添加结合起来，进行氮添加和凋落物输入互作实验，模拟未来气候变化背景下，氮沉降与凋落物的互作对土壤有机碳、土壤呼吸以及微生物群落和功能等方面的影响。

参 考 文 献

陈静文，2018. 丹江口库区侧柏人工林凋落物输入调控对土壤不同组分有机碳氮的影响. 武汉：中国科学院大学（中国科学院武汉植物园）.

葛晓改，黄志霖，程瑞梅，等，2012. 三峡库区马尾松人工林凋落物和根系输入对土壤理化性质的影响. 应用生态学报，23（12）：3301-3308.

郭晓伟，2020. 凋落物处理和氮添加对森林土壤碳氮组分和微生物过程的影响. 北京：北京林业大学.

李晓杰，刘小飞，熊德成，等，2016. 中亚热带杉木人工林和米槠次生林凋落物添加与去除对土壤呼吸的影响. 植物生态学报，40（5）：447-457.

刘星，王娜，赵博，等，2014. 改变碳输入对太岳山油松林土壤酶活性的影响. 应用与环境生物学报，20（4）：655 - 661.

卢胜旭，许恩兰，吴东梅，等，2020. 米槠人工林土壤微生物群落组成对凋落物输入的响应. 森林与环境学报，40（1）：16 - 23.

吕思扬，宋思意，黎蕴洁，等，2022. 氮添加和凋落物增减对华西雨屏区常绿阔叶林土壤团聚体及其碳氮的影响. 水土保持学报，36（1）：277 - 287.

马川，董少锋，莫江明，2012. 鼎湖山马尾松林凋落物分解对凋落物输入变化的响应. 生态环境学报，21（4）：647 - 653.

马红亮，闫聪微，高人，等，2013. 林下凋落物去除与施氮对针叶林和阔叶林土壤氮的影响. 环境科学研究，26（12）：1316 - 1324.

孙轲，黎建强，杨关吕，等，2021. 滇中高原云南松林枯落物输入对土壤碳氮储量及其分布格局的影响. 生态学报，41（8）：3100 - 3110.

万晓华，黄志群，何宗明，等，2016. 改变碳输入对亚热带人工林土壤微生物生物量和群落组成的影响. 生态学报，36（12）：3582 - 3590.

汪金松，赵秀海，张春雨，等，2012. 改变 C 源输入对油松人工林土壤呼吸的影响. 生态学报，32（9）：2768 - 2777.

王春燕，陈秋波，袁坤，等，2013. 橡胶林土壤呼吸速率及其与土壤温湿度的关系. 土壤学报，50（5）：974 - 982.

王光军，田大伦，闫文德，等，2009a. 马尾松林土壤呼吸对去除和添加凋落物处理的响应. 林业科学，45（1）：27 - 30.

王光军，田大伦，闫文德，等，2009b. 去除和添加凋落物对枫香（*Liquidambar formosana*）和樟树（*Cinnamomum camphora*）林土壤呼吸的影响. 生态学报，29（2）：643 - 652.

王光军，田大伦，闫文德，等，2009c. 去除和添加凋落物对杉木人工林土壤氮矿化的影响. 中南林业科技大学学报，29（3）：6 - 10.

王光军，田大伦，闫文德，等，2009d. 改变凋落物输入对杉木人工林土壤呼吸的短期影响. 植物生态学报，33（4）：739 - 747.

王清奎，2011. 碳输入方式对森林土壤碳库和碳循环的影响研究进展. 应用生态学报，22（4）：1075 - 1081.

吴君君，2017. 人工针叶林生态系统凋落物输入调控对土壤有机碳动态和稳定性的影响. 北京：中国科学院大学.

张秀娟，梅莉，王政权，等，2005. 细根分解研究及其存在的问题. 植物学通报，22 （2）：246 - 254.

张彦军，党水纳，任媛媛，等，2020. 基于 Meta 分析的土壤呼吸对凋落物输入的响应. 生态环境学报，29 （3）：447 - 456.

左嫚，黎建强，杨关昌，等，2021. 基于 DIRT 处理的云南松林地土壤呼吸及其组分研究. 中南林业科技大学学报，41 （8）：125 - 133.

Beni A，Soki E，Lajtha K，et al.，2014. An optimized HPLC method for soil fungal biomass determination and its application to a detritus manipulation study. Journal of Microbiological Methods，103：124 - 130.

Bowden R，Deem L，Plante A F，et al.，2014. Litter input controls on soil carbon in a temperate deciduous forest. Soil Science Society of America Journal，78：S66 - S75.

Brant J B，Myrold D D，Sulzman E W，2006a. Root controls on soil microbial community structure in forest soils. Oecologia，148：650 - 659.

Brant J B，Sulzman E W，Myrold D D，2006b. Microbial community utilization of added carbon substrates in response to long-term carbon input manipulation. Soil Biology and Biochemistry，38：2219 - 2232.

Cao J B，He X X，Chen Y Q，et al.，2020. Leaf litter contributes more to soil organic carbon than fine roots in two 10-year-old subtropical plantations. Science of the Total Environment，704：135341.

Chen D，Zhang Y，Lin Y，et al.，2010. Changes in belowground carbon in Acacia crassicarpa and Eucalyptus urophylla plantations after tree girdling. Plant and Soil，2010，326：123 - 135.

Crow S E，Lajtha K，Filley T R，et al.，2009. Sources of plant-derived carbon and stability of organic matter in soil：implications for global change. Global Change Biology. 15：2003 - 2019.

Cui J L，Lam S K，Xu S，et al.，2022. The response of soil-atmosphere greenhouse gas exchange to changing plant litter inputs in terrestrial forest ecosystems. Science of the Total Environment，838：155995.

Facelli J M，Williams R，Fricker S，et al.，1999. Establishment and growth of seedlings of Eucalyptus obliqua：interactive effects of litter，water and pathogens. Australian Journal of Ecology，24：484 - 494.

Fekete I，Kotroczó Z，Varga C，et al.，2014. Alterations in forest detritus input influence soil carbon concentration and soilrespiration in a Central-European deciduous forest. Soil Biology and Biochemistry，74：106 - 114.

Fekete I，Varga C，Biró B，et al.，2016. The effects of litter production and litter depth on soil microclimate in a central European deciduous forest. Plant and Soil，398（1）：291 - 300.

Fekete I，Varga C，Kotroczó Z，et al.，2011. The relation between various detritus inputs and soil enzyme activities in a Central European deciduous forest. Geoderma，167：15 - 21.

Fontaine S，Barot S，Barré P，et al.，2007. Stability of organic carbon in deep soil layers controlled by fresh carbon supply. Nature，450（7167）：277 - 280.

Foster D R，Aber J D（Eds.），2006. Forests in Time：The environmental consequences of 1 000 years of change in new England. New Haven：Yale University Press.

Frey B，Hagedorn F，Giudici F，2006. Effect of girdling on soil respiration and root composition in a sweet chestnut forest. Forest Ecology and Management，225：271 - 277.

Ginter D L，Mcleod K W，Sherrod C，1979. Water stress in longleaf pine induced by litter removal. Forest Ecology and Management，2：13 - 20.

Hogberg P，Nordgren A，Buchmann N，et al.，2001. Large-scale forest girdling shows that current photosynthesis drives soil respiration. Nature，411：789 - 791.

Hooker T D，Stark J M，2008. Soil C and N cycling in three semiarid vegetation types：Response to an in situ pulse of plant detritus. Soil Biology and Biochemistry，40：2678 - 2685.

Hu Y L，Zeng D H，Ma X Q，et al.，2016. Root rather than leaf litter input drives soil carbon sequestration after afforestation on a marginal cropland. Forest Ecology and Management，362：38 - 45.

Judas M，1990. The development of earthworm populations following manipulation of the canopy leaf litter in a beech wood on limestone. Pedobiologia，34：247 - 255.

Kotroczó Z，Veres Z，Fekete I，et al.，2014. Soil enzyme activity in response to long-term organic matter manipulation. Soil Biology & Biochemistry，70：237 - 243.

Lajtha K，Bowden R D，Crow S，et al.，2018. The detrital input and removal treatment

(DIRT) network: Insights into soil carbon stabilization. Science of the Total Environment, 640 – 641: 1112 – 1120.

Lajtha K, Bowden R D, Nadelhoffer K, 2014a. Litter and root manipulations provide insights into soil organic matter dynamics and stability. Soil Science Society of America Journal, 78: S261 – S269.

Lajtha K, Townsend K, Kramer M, et al., 2014b. Changes to particulate versus mineral-associated soil carbon after 50 years of litter manipulation in forest and prairie experimental ecosystems. Biogeochemistry, 119: 341 – 360.

Li Y, Xu M, Sun O J, et al., 2004. Effects of root and litter exclusion on soil CO_2 efflux and microbial biomass in wet tropical forests. Soil Biology & Biochemistry, 36: 2111 – 2114.

Marshall T J, Holmes J W, Rose C W, 1996. Soil Physics, 3rd edition. Cambridge: Cambridge University Press.

Nadelhoffer K J, Boone R D, Bowden R D, et al., 2004. The DIRT experiment: Litter and root influences on forest soil organic matter stocks and function. New Haven: Yale University Press.

Ogee J, Brunet Y, 2002. A forest floor model for heat and moisture including a litter layer. Journal of Hydrology, 255: 212 – 233.

Peltre C, Christensen B T, Dragon S, et al., 2012. Roth C simulation of carbon accumulation in soil after repeated application of widely different organic amendments. Soil Biology and Biochemistry, 52: 49 – 60.

Prévost-Bouré N C, Soudani K, Damesin C, et al., 2010. Increase in aboveground fresh litter quantity over-stimulates soil respiration in a temperate deciduous forest. Applied Soil Ecology, 46 (1): 26 – 34.

Reynolds L L, Lajtha K, Bowden R D, et al., 2018. Insights into soil C cycling from long-term input-manipulation and high-resolution mass spectroscopy, Biogeosciences, 123 (5): 1486 – 1497.

Sayer E J, 2006. Using experimental manipulation to assess the roles of leaf litter in the functioning of forest ecosystems. Biological Reviews, 81: 1 – 31.

Sinsabaugh R L, Antibus R K, Linkins A E, et al., 1993. Wood decomposition: nitrogen and phosphorus dynamics in relation to extracellular enzyme activity. Ecology, 74:

1586 - 1593.

Six J, Feller C, Denef K, et al. , 2002. Soil organic matter, biota and aggregation in temperate and tropical soils-Effects of no-tillage. Agronomie, 22: 755 - 775.

Subke J A, Hahn V, Battipaglia G, et al. , 2004. Feedback interactions between needle litter decomposition and rhizosphere activity. Oecologia, 139: 551 - 559.

Sulzman E W, Brant J B, Bowden R D, et al. , 2005. Contribution of aboveground litter, belowground litter, and rhizosphere respiration to total soil CO_2 efflux in an old growth coniferous forest. Biogeochemistry, 73: 231 - 256.

Tóth J A, Nagy P T, Krakomperger Z S, et al. , 2011. Effect of litter fall on soil nutrient content and pH, and its consequences in view of climate change (Sikfokut DIRT Project). Acta Silvatica & Lingaria Hungarica, 7: 75 - 86.

Veres Zsuzsa, Kotroczó Z, Fekete I, et al. , 2015. Soil extracellular enzyme activities are sensitive indicators of detrital inputs and carbon availability. Applied Soil Ecology, 92: 18 - 23.

Wang J J, Pisani O, Lin L H, et al. , 2017. Long-term litter manipulation alters soil organic matter turnover in a temperate deciduous forest. The Science of the Total Environment, 607: 865 - 875.

Wang Q K, He T X, Wang S L, et al. , 2013a. Carbon input manipulation affects soil respiration and microbial community composition in a subtropicalconiferous forest. Agricultural and Forest Meteorology, 178 - 179: 152 - 160.

Wang Q K, Liu S P, Wang S L, 2013b. Debris manipulation alters soil CO_2 efflux in a subtropical plantation forest. Geoderma, 192, 316 - 322.

Wang X, Dai W W, Filley T R, et al. , 2021. Aboveground litter addition for five years changes the chemical composition of soil organic matter in a temperate deciduous forest. Soil Biology and Biochemistry, 161: 108381.

Whalen E D, Lounsbury N, Geyer K, et al. , 2021. Root control of fungal communities and soil carbon stocks in a temperate forest. Soil Biology and Biochemistry. 161: 108390.

Wu J J, Lu M, Feng J, et al. , 2019. Soil net methane uptake rates in response to short-term litter input change in a coniferous forest ecosystem of central China. Agricultural and Forest Meteorology, 271: 307 - 315.

Wu J J, Zhang D D, Chen Q, et al. , 2018. Shifts in soil organic carbon dynamics under detritus input manipulations in a coniferous forest ecosystem in subtropical China. Soil Biology and Biochemistry, 126: 1 - 10.

Wu J J, Zhang Q, Yang F, et al. , 2017. Does short-term litter input manipulation affect soil respiration and its carbon-isotopic signature in a coniferous forest ecosystem of central China? Applied Soil Ecology, 113: 45 - 53.

Wu J J, Zhang Q, Zhang D D, et al. , 2022. The ratio of ligninase to cellulase increased with the reduction of plant detritus input in a coniferous forest in subtropical China. Applied Soil Ecology, 170: 104269.

Yu H M, Zhang L M, Wang Y, et al. , 2021. Response of soil bacterial communities to organic carbon input under soil freeze-thaw in forest ecosystems. European Journal of Soil Biology, 105: 103333.

Zeller B, Liu J, Buchmann N, et al. , 2008. Tree girdling increases soil N mineralisation in two spruce stands. Soil Biology and Biochemistry, 40: 1155 - 1166.

Zhang M, Feng W, Chen J, et al. , 2021. Litter and microclimate controls on soil heterotrophic respiration after converting seasonal rainforests to rubber plantations in tropical China. Agricultural and Forest Meteorology, 310: 108623.